Die Geschichte einer außergewöhnlichen Freundschaft: Tom Michell ging nach Südamerika, um dort als Lehrer in einem Internat anzuheuern. Was er suchte, war das ganz große Abenteuer. Womit er nicht rechnete, war ein gefiederter Freund, der sein Leben veränderte. Der Lehrer rettet am Strand von Uruguay einen Pinguin mit ölverschmiertem Gefieder, und der watschelnde Zeitgenosse wird sein treuer Begleiter, folgt ihm auf Schritt und Tritt und stellt sein Leben und das von Michells Schülern vollkommen auf den Kopf.

Tom Michell lebt heute mit Frau und Kindern in Cornwall, England.

Weitere Informationen finden Sie auf www.fischerverlage.de

TOM MICHELL

Der Pinguin *meines* Lebens

DIE WAHRE GESCHICHTE
EINER UNWAHRSCHEINLICHEN
FREUNDSCHAFT

Aus dem Englischen
von Lisa Kögeböhn

FISCHER
TASCHENBUCH

Für W, A, M und C

MIX
Papier | Fördert gute Waldnutzung
FSC® C014496

4. Auflage, 2025

Erschienen bei FISCHER Taschenbuch
Frankfurt am Main, 2025

Original English language edition first published
by Penguin Books Ltd. London

Satz: Pinkuin Satz und Datentechnik, Berlin
Druck und Bindung: GGP Media GmbH, Pößneck
ISBN 978-3-596-71288-5

Kontaktadresse nach EU-Produktsicherheitsverordnung:
produktsicherheit@fischerverlage.de

INHALT

SÜD-
AMERIKA
VENEZUELA
GUYANA
SURINAME
FRANZÖSISCH-
GUAYANA
KOLUMBIEN
Atlantik
ECUADOR
Amazonas
PERU
BRASILIEN
Anden
BOLIVIEN
Río Paraná
Pazifik
São Paulo
PARAGUAY
CHILE
URUGUAY
Montevideo
Buenos
Aires
Punta del Este
Río de la Plata
ARGENTINIEN
Península Valdés
PATAGONIEN
N
FALKLAND-INSELN
FEUERLAND

PROLOG

Wenn jemand mir als Kind in den fünfziger Jahren erzählt hätte, dass ich mein Leben eines Tages mit einem Pinguin verbringen würde – und es zumindest eine Zeitlang heißen würde: er und ich gegen den Rest der Welt –, wäre ich nicht allzu verwundert gewesen. Schließlich hatte meine Mutter in unserem Haus in Esher drei Alligatoren gehalten, bis sie zu groß und gefährlich für die beschauliche Kleinstadt wurden und von Tierpflegern vom Chessington Zoo abgeholt wurden. Es war nie ihr Plan gewesen, Alligatoren als Haustiere zu halten. Sie hatte in Singapur gelebt, bis sie mit sechzehn nach England zurückgekehrt war, und ihre beste Freundin hatte ihr beim tränenreichen Abschied drei Eier als Souvenir geschenkt. Die Krokodilbabys waren – selbstverständlich – während der langen Reise in ihrer Kabine geschlüpft, also hatte sie sie – selbstverständlich – mit nach Hause genommen. Jahre später sagte sie in wehmütigen Augenblicken manchmal, dass dieses einfallsreiche Geschenk wahrscheinlich das nachhaltigste Andenken war, das sie je bekommen hatte.

Ich war mit Wildtieren und Haustieren gleichermaßen vertraut. Weil ich auf dem Land aufgewachsen war, hatte ich eine realistische Vorstellung vom Leben. Das gewöhnliche

Schicksal von Füchsen und Stalltieren war mir vertraut. Doch exotische Tiere kannte ich nur aus Zoos und meiner Phantasie. Wie später auch die Filme von Walt Disney war ich inspiriert von den Geschichten des genialen Rudyard Kipling. Ich konnte mich völlig mit dem *Dschungelbuch* und *Kim* identifizieren, und in seiner Beschreibung des Schulalltags konnte ich meine eigenen Erfahrungen auch noch über ein halbes Jahrhundert später wiedererkennen.

Ja, ich war mit edwardianischer Weltanschauung aufgewachsen. Meine Eltern stammten aus verschiedenen Teilen des Empires, meine Großeltern, Onkel, Tanten und Cousins und Cousinen waren rund um den Globus verstreut: Australien, Neuseeland, Kanada, Südafrika, Indien, Ceylon (heute Sri Lanka), Singapur, Rhodesien (Simbabwe), Njassaland (Malawi) und so weiter. Für mich klangen diese Orte beinahe vertraut. Mehrmals im Jahr kamen Briefe – und in etwas größeren Abständen auch deren Verfasser – aus diesen Ländern, um meine kindliche Phantasie mit Geschichten aus dem »dunkelsten Afrika« und Ähnlichem zu befeuern.

Doch ich wollte etwas anderes erforschen, unbekanntes Terrain betreten, eine wahrhaftige *Tierra incognita*. Zu Südamerika schien niemand, den ich kannte, Erfahrungen oder Verbindungen zu haben. Also hatte ich mir schon, als ich noch zur Schule ging, in den Kopf gesetzt, dass ich nach Südamerika gehen würde, wenn ich groß war. Mit zwölf kaufte ich mir ein spanisches Wörterbuch und begann heimlich, spanische Sätze zu lernen. Sobald sich die Gelegenheit böte, wäre ich bereit.

Es sollte noch zehn Jahre dauern, bis sich die Chance ergab. Sie kam in Form einer Annonce im *Times Educational Supplement*: »Lehrer für HMC-Internat in Argentinien gesucht …« Die Stelle passte so genau zu meinen Plänen, dass meine Bewerbung eine halbe Stunde später im Briefkasten lag, bereit, über den Atlantik zu flattern und den Leuten an der Schule zu verkünden, dass sie mit der Suche aufhören konnten. Ich war quasi schon auf dem Weg.

Bevor ich tatsächlich aufbrach, erkundigte ich mich natürlich nach der wirtschaftlichen und politischen Lage. Mein Onkel, der für das Außenministerium arbeitete, informierte mich anhand seiner internen Kenntnisse über den äußerst fragilen Zustand der Perón-Regierung in Argentinien. Unser Geheimdienst war der Ansicht, es würde früher oder später einen weiteren blutigen Putsch durch das Militär geben. Terrorismus grassierte, Morde und Entführungen waren an der Tagesordnung. Einzig die Armee wäre in der Lage, die Ordnung wiederherzustellen, dachte man. Unterdessen stattete mich meine Bank in London mit Informationen zur ökonomischen Lage in Argentinien aus: Die Wirtschaft versank völlig im Chaos! Kurz, mir wurde von allen auf onkelhafte Weise nahegelegt, dass es ein absurdes Vorhaben war und es außer Frage stand, unter diesen Umständen nach Argentinien zu gehen. Niemand, der mit gesundem Menschenverstand gesegnet war, würde auch nur im Traum auf solch eine Idee kommen. Das war natürlich genau das, was ich hören wollte – mehr Ermutigung brauchte ich nicht.

Mir wurde ein Posten als Assistenzlehrer mit Fürsorgepflichten angeboten, doch meine Vertragsbedingungen klangen nicht sonderlich vielversprechend. Das College würde mir unter der Bedingung, dass ich ein vollständiges akademisches Jahr bliebe, einen Rückflug bezahlen. Meine Rentenversicherung in Großbritannien würde übernommen werden, und meinen Lohn sollte ich in der Landeswährung erhalten. Was das im Hinblick auf die Kaufkraft vor Ort bedeutete, konnte mir der Direktor angesichts des aktuellen wirtschaftlichen Durcheinanders nicht sagen. Jedenfalls würde ich genauso viel verdienen wie die anderen Lehrer. Während ich mich im College aufhielt, wäre für Kost und Logis gesorgt. Das war alles.

Ich kümmerte mich darum, dass ich genug Geld auf dem Konto hatte, um mir im Notfall einen Rückflug buchen zu können, und meine Bank vereinbarte mit einer Filiale der Banco de Londres y América del Sur in Buenos Aires, dass ich auf mein Erspartes in London zugreifen könnte, sollte es nötig sein. Doch Geld war mir egal. Ich war kurz davor, die Abenteuerlust, die ich als Junge verspürt hatte, endlich auszuleben und mich auf eine schicksalhafte Reise zu begeben.

Dass mich ausgerechnet ein Pinguin als Freund und Reisegefährte erwartete, der eines Tages genügend Stoff für die Gutenachtgeschichten der kommenden Generationen liefern würde, war eine erstaunliche Laune des Schicksals, die noch weit hinter dem westlichen Horizont lag.

Juan Salvador war ein Pinguin, der die Herzen all derer erwärmte, die ihn in jenen dunklen und gefährlichen Zeiten kennenlernen durften – Zeiten des Zusammenbruchs der Perón-Regierung, terroristischer Ausschreitungen und einer gewaltsamen Revolution, während Argentinien am Rande der Anarchie stand. Es war eine Zeit, in der sich die Rechte, Freiheiten und Einstellungen völlig von den heutigen unterschieden. Trotzdem konnten – wie sich herausstellte – ein junger Reisender wie ich und der unnachahmliche und unerschütterliche Pinguin Juan Salvador die besten Gefährten werden, nachdem ich ihn unter dramatischen Umständen aus dem tödlichen Meer vor der Küste Uruguays gerettet hatte.

EIN
PINGUIN
LÄUFT MIR ZU

Kapitel 1
In dem ein Abenteuer endet und ein anderes beginnt

Der Badeort Punta del Este liegt auf einer Landspitze der Küste von Uruguay, wo der große südliche Bogen der südamerikanischen Atlantikküste auf das Nordufer des riesigen Flussdeltas Río de la Plata trifft. Er befindet sich rund sechzig Meilen östlich der Hauptstadt Montevideo und, durch den gewaltigen Fluss getrennt, gegenüber von Buenos Aires, der Hauptstadt der Republik Argentinien. In den sechziger und siebziger Jahren war Punta del Este das Nizza, Cannes oder Saint-Tropez für die Bewohner dieser beiden großen Metropolen, der Ort, an dem sich die Schickeria in den Sommerferien versammelte, um der Hitze der Stadt zu entfliehen und in den luxuriösen Penthäusern und Apartmentanlagen mit Blick auf die Küste ihr Sehen und Gesehenwerden zu zelebrieren. Soweit ich weiß, tun sie das noch heute.

Den Schlüssel zu einem dieser Apartments hatten mir netterweise Freunde, die Bellamys, geliehen, weil Winter war und sie das Apartment im Augenblick nicht selbst nutzten. Nach einem phantastischen Aufenthalt in Paraguay befand ich mich auf dem Rückweg nach Argentinien. Mit einem

Zwischenstopp an den gewaltigen Iguazú-Wasserfällen war ich dann an der Küste entlanggereist und nun in Uruguay angekommen. Da ich einige anstrengende und aufregende Wochen hinter mir hatte, freute ich mich darauf, außerhalb der Saison noch ein paar entspannte Tage im ruhigen Punta del Este zu verbringen.

Am letzten Tag meines Aufenthalts war ich spätnachmittags ins Apartment zurückgekehrt, um zu packen und mich auf den Aufbruch früh am darauffolgenden Tag vorzubereiten. Ich hatte das Tragflügelboot über den Río de la Plata um zwölf Uhr mittags gebucht und musste deshalb den *colectivo*, den örtlichen Bus, von Punta del Este nach Montevideo um Viertel vor sechs erwischen. *Colectivos* wurden von ihren Fahrern begeistert mit unzähligen Verzierungen und Glücksbringern dekoriert, was vermutlich die abgefahrenen Reifen wettmachen sollte.

Nachdem ich gepackt und das Apartment geputzt und inspiziert hatte, beschloss ich, noch einen Spaziergang am Meer zu machen, bevor ich ein letztes Mal zum Abendessen in dem Badeort einkehren würde.

Der auf der westlichen Seite der Landspitze gelegene Hafen von Punta del Este war klein und bot nur wenigen Booten von Privatleuten und Freizeitanglern Platz, die an jenem Tag sanft an ihren Liegeplätzen schaukelten, genau wie die schwimmenden Pontons, über die die Bootsbesitzer ihre Dingis erreichen konnten. Zwar war der Hafen im Osten gut gegen den Atlantik abgeschirmt, doch vor dem Westwind, der an diesem Tag wehte, bot er kaum Schutz.

Die Luft war erfüllt vom Geschrei der Möwen, dem Knallen der Segelleinen und dem Geruch nach Fisch, und dieser kleine sichere Hafen wärmte sich ruhig in der strahlenden

Wintersonne. Die leuchtenden Farben der Möwen, Boote und Häuser kamen vor dem saphirenen Ozean und dem azurblauen Himmel wunderbar zur Geltung. Doch meine Aufmerksamkeit richtete sich auf die unzähligen Fische im kalten, kristallklaren Wasser. Schwärme von Sprotten schossen synchron durch den Hafen und versuchten, ihren Verfolgern durch Zickzackkurs, oder indem sie sich alle paar Sekunden aufteilten und wieder vereinten, zu entkommen. Ich war wie gebannt von den La-Ola-Wellen des Lichts, die im Wasser pulsierten wie Polarlichter, wenn die Sonne von den schillernden Fischen reflektiert wurde.

Neben den rostigen, antiquierten Zapfsäulen, auf denen der Kraftstoff in Gallonen ausgewiesen wurde, unter einem gewellten Eisendach, zog eine muskulöse Fischerin mit einem großen grünen Netz, das sicher an einer dicken Bambusstange vertäut war, ihren Lebensunterhalt aus dem Hafenbecken. Sie trug eine Lederschürze und Gummistiefel und hatte einen zufriedenen Gesichtsausdruck. Mir fiel auf, dass sie mit bloßen Händen arbeitete. Ihr Haar war mit einem braunen Tuch bedeckt und ihr wettergegerbtes Gesicht von tiefen Falten durchzogen. Neben ihr standen drei Holzfässer, die nahezu bis zum Rand mit Sprotten gefüllt waren, was vermutlich der Grund für ihre Zufriedenheit war. Knöcheltief in zappelnden silbernen Fischen stehend, warf sie ihr Netz ins Wasser und holte beinahe minütlich einen neuen Fang ein, sehr zum Missfallen der Möwen, die sie lautstark beschimpften. Mit zahnlosem Grinsen schüttelte sie jeden neuen Fang in die Fässer und befreite die wenigen Fische, die nicht von selbst aus dem Netz gefallen waren – etwas, stellte ich fest, was ihr nicht gelungen wäre, hätte sie Handschuhe getragen. Die kleinen schwarzrückigen, schwalbenschwänzigen Möwen schwebten einen Augenblick lang etwa drei Meter über dem Meer, tauchten dann ab und kamen sofort wieder an die Oberfläche, schwimmend, mit Sprotten im Schnabel, die wie zähes Quecksilber glänzten. Dann wurde die Beute blitzschnell verschlungen.

Auch einige Pinguine hatten sich im Hafen eingefunden, um sich ihren Anteil zu holen. Es war ein faszinierender Anblick, sie auf der Jagd nach den Fischen pfeilschnell durchs Wasser schießen zu sehen. Sie wirkten wesentlich geschickter als die Möwen in der Luft. Schlängelnd preschten sie mit atemberaubender Geschwindigkeit und Wendigkeit durch die Schwärme und schnappten nach den Fischen, die vor ihnen auseinanderstoben. Gegen solch einen kunstfertigen Gegner erschienen die Sprotten nahezu wehrlos, trotz ihrer scheinbar grenzenlosen Anzahl. Ich wunderte mich nur, dass nicht mehr Pinguine da waren, um sich an einer derart reichen und leichten Beute gütlich zu tun.

Ich hätte noch viel länger zuschauen können, doch als die Pinguine außer Sichtweite schwammen, kehrte ich um und ging in östlicher Richtung um die Landspitze herum bis zum nächsten Wellenbrecher. Kleine, weißgefleckte Wellen rollten vom Ozean heran und brachen sich am Strand. Ich war an jenem schönen Nachmittag erst zehn, höchstens fünfzehn Minuten an der Küste entlangspaziert und hatte über all die großartigen und beeindruckenden Dinge nachgedacht, die ich während meines Urlaubs erlebt und gesehen hatte, als ich die ersten schwarzen, reglosen Gestalten erblickte. Zunächst fielen mir nur ein paar auf, doch als ich weiterging, wurden es immer mehr, bis der ganze Strand von schwarzen Klumpen auf einem schwarzen Teppich übersät zu sein schien. Hunderte ölverschmierte Pinguine lagen tot im Sand, über den gesamten Strand verteilt, weit an der Küste entlang Richtung Norden. Tote Pinguine, über und über bedeckt mit dickem, klebrigem, erstickendem Öl und Teer. Der Anblick war so grauenvoll, so unerträglich und deprimierend, dass ich mich fragte, welche Zukunft eine »Zivilisation«, die eine solche Schändung dulden oder gar verüben konnte, noch haben sollte. Ich verstand jetzt, warum trotz der vielen Fische nicht mehr Pinguine am Hafen waren, um Sprotten zu fangen. Offensichtlich waren nur wenige Glückliche dem Ölteppich entronnen.

In düstere Gedanken versunken, setzte ich meinen Spaziergang oberhalb des Pfades der Verwüstung fort, der den Großteil des Strandes durchzog, und versuchte, die Zahl der toten Vögel zu schätzen. Selbst wenn ich hätte ausrechnen können, wie viele Pinguine am Ufer lagen – teilweise übereinander –, wäre es unmöglich gewesen, die Anzahl ihrer toten Artgenossen abzuschätzen, die noch im Meer trieben. Mit jeder Welle, die sich am Strand brach, wurden mehr Vögel angespült, auf diejenigen, die dort bereits lagen, während weiter draußen jede neue Woge einen weiteren grausigen Schwung von schwarzen Kadavern Richtung Küste schwemmte.

Der Strandabschnitt zwischen Meer und der Mauer, die die Straße begrenzte, war schmal, an der breitesten Stelle vielleicht gerade einmal dreißig Meter, doch die Verschmutzung des Sandes erstreckte sich, so weit das Auge reichte. Offensichtlich waren Tausende Pinguine auf grausamste Art und Weise umgekommen, während sie auf ihren angestammten Wanderrouten Richtung Norden unterwegs gewesen waren, wie ihre Vorfahren seit Millionen von Jahren.

Ich weiß noch immer nicht, wieso ich an jenem Tag weiter

am Strand entlangging. Vielleicht musste ich einfach begreifen, wie abstoßend dieses Ereignis wirklich war – das Ausmaß des Schadens überblicken. Ich hatte keine Berichte von einer Ölpest in dieser Region mitbekommen, doch in jenen Tagen waren die Auflagen für Öltanker weniger streng, und Regeln wurden nur sehr bedingt beachtet, so dass Vorfälle wie dieser keine Seltenheit waren. Nachdem die Öltanker ihre Ladung am Zielhafen gelöscht hatten, legten sie wieder ab und wuschen unterwegs vorm Aufnehmen der nächsten Ladung ihre Tanks aus.

Ereignisse wie dieses verdeutlichten, wie dringend notwendig eine Veränderung war. Ich zweifelte nicht daran, dass das, was ich an jenem Strand erlebte, die logische Konsequenz eines scheußlichen Aufeinanderprallens zweier Kulturen war. Als dem instinktiven Drang der Seevögel, sich auf ihre jährliche Reise zu machen, ein riesiger treibender Ölteppich in die Quere kam, der von gierigen und gedankenlosen Menschen ins Meer abgelassen worden war, gab es nur ein mögliches Ergebnis: die vollständige Auslöschung dieser Pinguine. Das wäre bereits unfassbar schrecklich gewesen, wenn es die Folge eines Unfalls gewesen wäre. Dass es das Ergebnis vorsätzlicher Handlungen im vollen Wissen um die wahrscheinlichen Konsequenzen sein sollte, war weder zu erklären noch hinzunehmen.

Ich war zügig gegangen, weil ich mir die toten Wesen gar nicht so genau anschauen wollte, als ich meinte, aus dem Augenwinkel eine Bewegung wahrgenommen zu haben. Nicht von der schäumenden Gischt der Brandung, sondern am stillen Strand. Ich blieb stehen und sah mich um. Ich hatte mich nicht geirrt. Ein tapferer Vogel lebte noch; eine einzige Seele, die, vom Tod umgeben, noch ums Überleben kämpfte.

Es war unglaublich! Wie konnte ein einzelner Vogel noch am Leben sein, während alle anderen restlos von Öl und Teer dahingerafft worden waren?

Obwohl er wie die anderen Vögel auf dem Bauch lag und ölverschmiert war, bewegte der Pinguin seine Flügel und hob den Kopf. Er bewegte sich kaum, doch an Kopf und Flügeln waren leichte spastische Zuckungen wahrnehmbar. Der Todeskampf einer besiegten Kreatur, dachte ich.

Einen Augenblick lang sah ich zu. Konnte ich weitergehen und den Vogel im giftigen Öl und dem kräftezehrenden, erstickenden Teer zurücklassen, bis beides langsam sein Leben ausgelöscht haben würde? Ich beschloss, dass ich das nicht tun konnte – ich musste seinem Leiden so schnell wie möglich ein Ende setzen. Also bahnte ich mir mit größtmöglichem Anstand und Respekt vor den toten Vögeln einen Weg zu ihm.

Ich hatte keinen genauen Plan, wie ich den Gnadenstoß vollziehen sollte. Eigentlich hatte ich überhaupt keinen Plan. Doch als dieser eine Pinguin, der sich nur in einer Hinsicht von den Tausenden ölverklebten Pinguinen unterschied – er war am Leben –, sich auf die Beine rappelte, um sich einem weiteren Gegner zu stellen, waren alle Gedanken an eine solche Gewalttat wie weggeblasen. Mit seinen flatternden, klebrigen Flügeln und seinem hervorschnellenden Raubvogelschnabel hielt er die Stellung, um ein weiteres Mal um sein Leben zu kämpfen. Er reichte mir beinahe bis zu den Knien!

Ich hielt inne und betrachtete noch einmal die Gefährten des Pinguins. Lag ich falsch? Lebten sie doch noch? Ruhten sie sich nur aus, erholten sie sich? Mit der Fußspitze rollte ich ein paar leblose Körper auf den Rücken. In keinem Vogel außer diesem einen schien noch ein Lebensfunke zu glühen;

die toten Pinguine unterschieden sich nicht voneinander. Ihr Gefieder und ihre Kehlen waren von Teer verklebt, grässlich verformte Zungen ragten aus ihren Schnäbeln, und ihre Augen waren vollständig von dem ätzenden Dreck bedeckt. Allein der Gestank nach Bitumen hätte gereicht, um die Vögel zu überwältigen, und auch ich hätte nicht am Strand entlanggehen können, hätte der Wind nicht aus westlicher Richtung geweht und so die verpestete Luft aufs Meer hinausgetragen.

Inmitten all dieser Abscheulichkeit war nur dieser eine Pinguin mit offenem rotzüngigem Schnabel und klaren pechschwarzen Augen übrig, die vor Zorn funkelten. Plötzlich spürte ich angesichts dieser Besonderheit eine Welle der Hoffnung in mir aufkommen. Könnte er überleben, wenn er gesäubert wurde? Ich musste ihm zumindest die Chance dazu geben, oder? Aber wie sollte ich mich diesem schmutzigen und aggressiven Vogel nähern? Wir standen da, beäugten einander misstrauisch und versuchten, unser jeweiliges Gegenüber einzuschätzen.

Hastig suchte ich mit den Augen den Müll ab, der sich am Strand angesammelt hatte: Holzstücke, Plastikflaschen, Styroporkrümel, zerrissene Fischernetze, all das, was man für gewöhnlich nach der Flut an fast jedem von unserer fortschrittlichen Gesellschaft verunreinigten Strand finden kann. Außerdem hatte ich eine große Tüte mit einem Apfel in der Tasche. Als ich mich wegbewegte, legte sich der Pinguin wieder auf den Bauch und wedelte mit dem Hintern, als wollte er es sich bequem machen. Schnell sammelte ich etwas Treibgut auf, das mir hilfreich für mein Vorhaben erschien. Dann näherte ich mich wie ein Gladiator meiner Beute, die sich angesichts dieser neuerlichen Bedrohung sofort wieder zu voller Größe aufplusterte. Ich lenkte den Pinguin ab, indem ich mit einem Fischernetz wedelte, das ich ihm dann mit der Schnelligkeit und dem Mut eines Achilles über den Kopf warf. Danach stieß ich ihn mit einem Stock um. Ich drückte ihn zu Boden und griff mit der Hand, über die ich die Tüte gestülpt hatte (keine Zeit, um mich mit Äpfeln zu beschäftigen), nach seinen Füßen.

Ich hob das aufgebrachte Tier, das sich drehte und wand, um sich zu befreien, vom Strand auf, hielt es von meinem Körper weg und stellte zum ersten Mal fest, wie schwer Pinguine sein können.

Mit dem flatternden Viereinhalb-Kilo-Vogel begab ich mich also zurück zum Apartment der Bellamys. Wenn mein Arm müde würde und mir der gefährliche Schnabel zu nahe käme, würde der Pinguin mir ins Bein hacken und mich mit Teer beschmieren. Während des knapp zwei Meilen langen Rückwegs befürchtete ich, dem Pinguin weh zu tun oder ihn zu Tode zu erschrecken, und versuchte, ihm kein Leid zuzufügen. Aber gleichzeitig war ich auch um mein eigenes Wohl besorgt.

Auf dem Weg nach Hause überschlugen sich die Gedanken und unausgegorenen Pläne in meinem Kopf. Was würde ich sagen, wenn mich jemand anspräche? War es in Uruguay überhaupt erlaubt, ölverschmierte Pinguine aufzulesen? Damals waren die meisten südamerikanischen Länder Polizeistaaten, und es hätte mich nicht überrascht, wenn es irgendein absurdes Gesetz gegeben hätte, das eine solche Rettungsaktion untersagte.

Zumindest wollte ich es schaffen, den Pinguin zu säubern.

Das beschloss ich, als ich schwerfällig die Straße am Strand entlangtrottete. Ich erinnerte mich daran, dass wir als Kinder Butter verwendet hatten, um Teerflecken aus Strandhandtüchern zu entfernen, und ich wusste, dass ich Butter im Kühlschrank hatte, außerdem Olivenöl, Margarine und Spülmittel.

Den Vogel mit ausgestrecktem Arm zu tragen war ermüdend, und ich musste häufig die Hand wechseln. Ich hielt ihn an den Füßen, aber da ich fürchtete, dem verzweifelten Tier weiteren Schaden zuzufügen, klemmte ich einen Finger zwischen seine Beine, um die Härte meines Griffs abzumildern. Ich machte mir nichts vor: Es war nicht bequem für den Vogel. Trotzdem erreichten wir schließlich ohne größere Vorkommnisse auf beiden Seiten unser Ziel. Sosehr er sich auch bemüht hatte, dem Pinguin war es nicht gelungen, mich zu verletzen – und so war auch ich nicht in Versuchung geraten, ihm unterwegs den Garaus zu machen.

Mein nächstes Problem war, an der furchteinflößenden Concierge vorbeizukommen, deren Büro sich unter der Treppe befand. Während meines Aufenthalts war sie jedes Mal wie ein wildgewordener Wachhund herausgeschossen und hatte jeden Gast beim Kommen und Gehen genauestens unter die Lupe genommen, als könne man niemandem trauen. Es war sonnenklar, warum die Hausverwaltung genau diese Person darauf angesetzt hatte, für das gute Benehmen der Gäste zu sorgen, so maßgeschneidert war sie für diese Aufgabe. Doch durch eine merkwürdige Laune des Schicksals war sie das eine Mal, als wirklich Grund zur Sorge bestanden hätte, nicht da. Die Luft war rein.

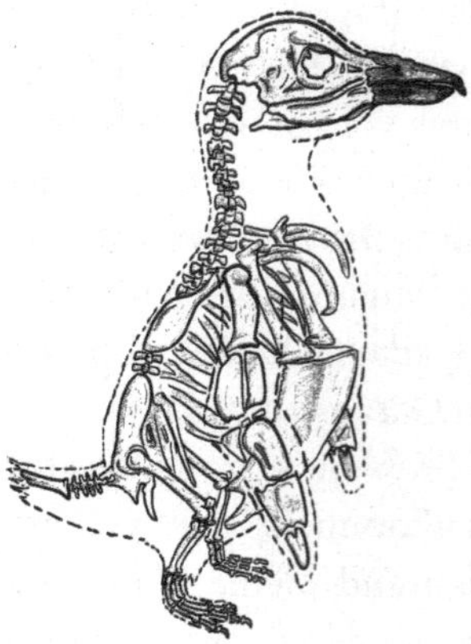

MAGELLAN-
PINGUINE

Kapitel 2
In dem etwas über Pinguine erzählt wird

In den letzten vierzig Jahren sind die Populationen von Pinguin-Kolonien stark zurückgegangen, einige zu achtzig Prozent und mehr. Das wird auf Umweltverschmutzung, Fischerei und andere menschliche Eingriffe in die Natur zurückgeführt.

Diesen existenzbedrohenden Umständen zum Trotz gibt es überall an der Südküste Südamerikas Magellan-Pinguine, *Sphenicus magellanicus*. Sie werden etwa fünfundvierzig bis sechzig Zentimeter groß und wiegen drei bis sechs Kilogramm, obwohl ihr genaues Gewicht sehr davon abhängig ist, wann ihre letzte Mahlzeit stattgefunden hat und wie üppig sie war. Ihre Schnäbel und Gesichter sind schwarz, die Bäuche weiß. Ganz am Rand ihrer weißen Vorderseiten befindet sich ein dekoratives umgedrehtes »U«.

Außerhalb des Wassers sind diese Vögel wenig anmutig. Ihre Körper wirken lang, die Beine kurz. Ihre Schultern sind niedrig am Körper angesetzt, und die Knochen ihrer Flügel sind erstaunlich flach und dünn, was sie wie ein Bumerang aussehen lässt. Die natürliche Haltung eines Pinguins ist mit gebeugten Knien und »S«-förmigen Halsknochen, doch sie können ihre Gestalt auf erstaunliche Weise verändern. Wenn sie hocken, sind sie beinahe rund, was ihnen bei der Wärmespeicherung hilft, aber sie können sich auch aufrichten und wirken dann sehr schlank, groß und elegant.

Wenn sie aufrecht stehen, spreizen sie ihre schwimmhäutigen Zehen, so dass ihre »Fersen« sich oberhalb der Zehen befinden, doch sie können auch »sitzen«, mit Fersen und Gesäß auf dem Boden. Dieser dreieckige Bodenkontakt ist sehr stabil. Menschliche Beinknochen sind ähnlich angeordnet, wenn wir auf einem niedrigen Stuhl sitzen, doch im Gegensatz zu uns haben Pinguine unterhalb des Beckens mehrere Steißbeine, auf denen sie sitzen können. Der Großteil ihrer Beinknochen ist im Rumpf verborgen, der beinahe bis zu ihren Fersen reicht (einer der Hauptgründe, wieso Pinguine keine kalten Beine bekommen!). So wirkt es, als würden zwei extrem stummelige Beine aus ihrem Unterleib ragen. Durch ihren Knochenbau haben sie Sichelfüße, was zu ihrem schlingernden, pendelnden Watschelgang führt, der so lustig aussieht.

Magellan-Pinguine sind monogam und gehen lebenslange Partnerschaften ein. Beim Nisten wechseln sich die Eltern alle zehn bis fünfzehn Tage mit dem Brüten ab, während der jeweils andere frisst. In jungem Alter sind Schuppen und Haut an ihren Füßen und Beinen fleckig, sie werden jedoch mit der Zeit dunkler. Der Pinguin, den ich gefunden hatte, hatte keine hellen Flecken, er war also ein ausgewachsener Vogel.

Im Wasser sind Pinguine wie ausgewechselt. Beim Schwimmen an der Oberfläche wirken sie eher wie platte Enten, da nur Kopf und Schwanz aus dem Wasser ragen, doch unter Wasser sind sie einfach wahnsinnig elegant. Kein Gepard, Albatros oder Kondor könnte eleganter sein. Kein anderes Tier bewegt sich so anmutig unter Wasser.

Natürlich hatte ich an jenem Tag, an dem ich einen Pinguin am Strand von Punta del Este auflas, keinen blassen Schimmer von diesen Vögeln, doch dieser bedauerlichen Ahnungslosigkeit sollte ein abruptes Ende gesetzt werden.

BADETAG

Kapitel 3
In dem nicht nur einer von uns unfreiwillig nass wird und eine Möwe die Rettung bringt

Als ich die Wohnung betrat und mich umsah, merkte ich, dass ich bei meiner impulsiven Entscheidung, den Pinguin zu retten, keinen Gedanken daran verschwendet hatte, wie ich es konkret anstellen wollte, ihn zu waschen. Die Wohnung der Bellamys war elegant und geschmackvoll eingerichtet. Sie wirkte, als sei sie einer Anzeige in einem Hochglanzmagazin entsprungen – ein öltriefender Pinguin hatte dort garantiert nichts zu suchen. Die Wahrscheinlichkeit, dem Pinguin etwas Gutes tun zu können, erschien auf einmal sehr gering, während die Chancen, eine riesige Sauerei in der Wohnung zu veranstalten, die Bellamys gegen mich aufzubringen, indem ich ihre Einrichtung verschandelte, und mich selbst bei der Sache zu verletzen, ins Unermessliche stiegen. Der Pinguin war schmutzig und überaus aggressiv. Sein Schnabel schnappte mit dem metallischen Klacken einer Zahnzange zu, und der Vogel wand und drehte sich die ganze Zeit, um nach mir zu hacken.

Einen Augenblick lang war ich kurz davor, den Vogel zurück an den Strand zu bringen, statt mich auf ein tollkühnes Vorhaben einzulassen, das ich vermutlich bereuen würde. Wie sollte ich dieses Wesen, das sich so verbissen wehrte, gegen seinen Willen in Schach halten und säubern, ohne ihm noch mehr Schaden zuzufügen und dabei die Wohnung zu verwüsten? Plötzlich hatte ich eine Idee.

Ich hatte ein Einkaufsnetz dabei – ein treuer Reisegefährte, weil es so nützlich war. Es sah aus wie eine große Version der Netze, in denen Apfelsinen verkauft werden, nur war meines blau und hatte Henkel. Es stammte noch aus Schulzeiten, damals hatten wir unsere Rugbyschuhe und -bälle darin transportiert, weil der Dreck einfach durch die Löcher fallen konnte. Mit seinen dichtgewebten Maschen war es ideal für jedes Abenteuer; es nahm kaum Platz weg, war jedoch stabil genug, um auf einer Reise nahezu jede spontane Anschaffung darin unterzubringen, wie es sich jetzt wieder einmal eindrucksvoll bestätigte. Mit einer Hand schüttelte ich es aus und ließ den Vogel hineingleiten, dann schob ich einen Besenstiel durch die Henkel und legte ihn über die Lehnen zweier Stühle, die ich zu diesem Zweck nebeneinandergestellt hatte. Hastig breitete ich eine Zeitung – eine Ausgabe von *El Día* – unter dem Pinguin auf dem Boden aus und machte mich, zufrieden darüber, dass ich ihn gebändigt hatte, auf die Suche nach geeigneten Reinigungsmitteln.

Ich holte Butter und Margarine, Olivenöl und Bratöl, Seife, Shampoo und Spülmittel und stellte alles ins Badezimmer. Wie die übrige Wohnung war auch dieser Raum geschmackvoll und mit dem entsprechenden Kleingeld eingerichtet worden. Hübsche Mosaikfliesen – lachsfarben und in Fischform – bedeckten die Wände, der Boden bestand aus glänzendem schwarzen Marmor. Die Becken waren aus elfenbeinfarbenem Porzellan, mit goldenen Armaturen – ich hätte mir keinen ungeeigneteren Ort vorstellen können, um einen teerbesudelten Pinguin zu säubern.

Nachdem ich das Bidet mit warmem Wasser gefüllt hatte, nahm ich das Netz mit dem sicher verstauten Pinguin von seiner provisorischen Stütze und legte es in das Becken. Das zunehmend wütende Tier hatte sich gewunden, so dass die Füße und sein Schnabel nun aus dem Netz ragten, wodurch es ihm gelang, einen meiner Finger in seinem kräftigen Schnabel einzuklemmen. Eins zu null für den Vogel! Ich fluchte bei dem Versuch, meinen Finger zu befreien, doch wie ein Terrier hatte er nicht vor, ihn kampflos aufzugeben. Unglaublich, wie fest er zuschnappen konnte; mit diesem Schnabel hätte er eine Konservendose öffnen können.

»Aua, verdammt! Lass los!«, schrie ich, umfasste seinen Kopf, so sanft Schmerz und Wut es mir erlaubten, und drückte seinen Schnabel auf. Er hatte mir einen tiefen, schmerzhaften Schnitt zugefügt, der heftig blutete und so weh tat, als hätte ich mir den Finger in einer schweren Tür geklemmt. Es erstaunte mich, dass ein Vogel so viel Schaden anrichten konnte, und ich untersuchte verblüfft meinen Finger. Ich ließ den Pinguin in seinem Netz im Bidet und versorgte die Wunde. Als ich den Finger unter kaltes Wasser hielt, konnte ich kaum glauben, wie tief der Schnitt war; die Narbe kann man heute noch sehen. Blut strömte ins Waschbecken, und ich verfluchte mich dafür, dass ich den Vogel nicht dort gelassen hatte, wo ich ihn gefunden hatte.

Wütend funkelte ich den Pinguin an, und der Pinguin starrte unerschrocken und kampfeslustig zurück. Der heimtückische Blick aus seinen schwarzen Augen sprach Bände. Sie leuchteten geradezu vor Hass und Boshaftigkeit.

»Komm nur her, du brutaler Riese! Davon kannst du noch mehr haben!«, sagten sie.

»Verdammt nochmal, du dummer … dummer Vogel!«, gab

ich zurück. »*Ich versuche dir zu helfen! Geht das nicht in dein Spatzenhirn?*«

Bei dem vergeblichen Versuch, die Blutung zu stoppen, wickelte ich Klopapier um meinen Finger, das ich immer wieder wechselte, sobald es durchtränkt war, und hielt die Hand über meinen Kopf. Der Finger pochte. Was für unangenehme Krankheiten Pinguine wohl übertrugen? Nach einer Viertelstunde konnte ich den Blutstrom mit einem Gazeverband und Pflastern eindämmen und war bereit, mich widerwillig zurück in die Schlacht zu stürzen.

Mir war nun klar, dass ich das Tier wesentlich effektiver in Schach halten musste als bisher. Ich hatte den Fehler begangen, meinen Gegner zu unterschätzen, hatte ihn für einen kleinen Vogel gehalten, obwohl er genauso groß und gefährlich war wie ein Steinadler, der seine Brut verteidigt. Diesmal musste ich ihn gründlicher fesseln. Ich packte das Netz an den Henkeln, damit er mich weder mit seinem Schnabel noch mit den Füßen verletzten konnte, hängte den Vogel wieder zwischen die beiden Stühle und wickelte aus dem restlichen Verband eine Schlaufe, die ich um seine Füße schlang und festzog, während er mit dem Schnabel ins Leere hackte. Pinguine haben gewaltige, extrem starke Füße, die mit überaus scharfen Krallen ausgestattet sind, denen eines Adlers nicht unähnlich. Sie können damit menschliche Haut in Fetzen reißen. Interessanterweise wirken die Unterseiten der Pinguinfüße kein bisschen vogelartig, sondern eher wie die eines Affen: fleischig, muskulös und beweglich. Während ich seine Füße zusammenband, stand ich hinter ihm, wo mich sein Schnabel nicht erreichen konnte.

Der Pinguin flatterte und zappelte vergeblich in dem Netz, als ich seinen Kopf mit Zeitungspapier und roher Gewalt festhielt. Mit einem dicken Gummiband, das ich auf meiner Suche nach Reinigungsmitteln gefunden hatte, umwickelte ich mehrmals seinen Schnabel, wobei ich darauf achtete, dass seine Nasenlöcher frei blieben; die letzte Gummischlaufe legte ich um die scharfe Spitze. Seine Füße strampelten in der Luft, während er sich weiterhin wand, doch im Netz hängend erwischte er mich nicht. Er atmete angestrengt, sein Puls war an seinem Hals und Kopf deutlich sichtbar, und er trat und kämpfte weiter, ohne jedoch einen Treffer landen zu können.

Seine erbsengroßen Augen traten vor lauter Wut, Frustration und Hass hervor.

»*Wie kannst du es wagen? Na warte, das wirst du büßen!*«, konnte man in ihnen lesen. Es war kaum zu glauben, wie nahe er dem Tod vor kurzer Zeit noch gewesen war. Mir blieb nichts anderes übrig, als die emotionslose Distanziertheit eines Tierarztes anzunehmen. Wenn ich ihn nicht gründlich säuberte, würde der Pinguin nicht überleben.

»*Also gut, du mieser kleiner Vogel*«, sagte ich. »*Komm her! Dann muss ich dich eben zu deinem Glück zwingen.*« Mein Finger pochte und tat weh, und jedes Mitgefühl, das ich für den Pinguin gehabt hatte, war mit dem Blut im Abfluss versickert. Ich überprüfte noch einmal, ob seine Füße sicher zusammengezurrt waren, und band ihm die Henkel des Netzes um den Körper, um seine Flügel zu fixieren.

Nun, da ich ihn endlich gebändigt hatte, setzte ich ihn wieder ins Bidet und begann mit dem Reinigungsprozess, indem ich eine Handvoll Spülmittel über seinen Rücken goss. Da sein Schnabel mir nicht mehr gefährlich werden konnte, war ich in der Lage, die Seife gründlich in seine kurzen Federn zu reiben. Zwar wurde diese Aufgabe durch den Verband um meinen Finger und das Zappeln des Vogels nicht gerade erleichtert, aber immerhin erwies sich das Einkaufsnetz als tadellose Fessel, die den Vogel sanft zurückhielt, ohne mich beim Säubern zu stören.

Plötzlich hielt der erschöpfte Pinguin still. Der Wandel in seinem Verhalten kam erstaunlich schnell, viel schneller, als ich es jetzt im Nachhinein nachvollziehen kann.

Innerhalb weniger Augenblicke entwickelte er sich von einem verängstigten, feindseligen und aufgebrachten Tier (das verständlicherweise entschlossen war, sich an mir zu rächen, stellvertretend für meine ganze Rasse, die auf so grausame Weise Tausende seiner nächsten Verwandten vernichtet hatte) zu einem fügsamen und kooperativen Partner in dieser Säuberungsaktion. Die Verwandlung erfolgte, als ich die erste Portion Spülmittel auswusch. Es war, als hätte der Vogel auf einmal verstanden, dass ich versuchte, das widerliche Öl zu entfernen, und keineswegs vorhatte, ihn umzubringen. Ich leerte das Bidet und füllte es erneut mit warmem Wasser. Die Augen des Pinguins wölbten sich jetzt nicht mehr wie Goldfischgläser. Er hatte aufgehört, seinen Kopf zu schütteln, mit den Flügeln zu schlagen und mit Schnabel oder Füßen nach mir zu hacken. Stattdessen sah er jetzt ruhig zu, wie das Wasser ins Becken floss. Sein Puls hatte sich wieder verlangsamt, und er starrte mich nicht mehr herausfordernd an wie ein gekränkter Gefangener. Er drehte den Kopf hin und her und blickte mich abwechselnd mit je einem Auge fragend an. Pinguine sind Jäger und können mit beiden Augen nach vorn sehen, zeigen aber gleichzeitig auch das für Vögel typische Verhalten, etwas erst mit dem einen Auge und dann mit dem anderen zu betrachten.

»Was hast du vor? Wieso machst du das? Weißt du, wie man dieses stinkende Zeug abbekommt?«, fragten die Augen.

Bei der zweiten Ladung Spülmittel zuckte er nicht mehr zusammen. Weil ich spürte, dass sich unsere Beziehung wandelte, beschloss ich, das Risiko einzugehen, ihn aus dem Netz zu befreien, um die grüne Flüssigkeit leichter auf seinen Rückenfedern und Flügeln verteilen zu können. Hilfsbereit hob er die Flügel, damit auch ja keine Stelle seines Körpers übersehen wurde, während das Spülmittel seine Wirkung entfaltete. Ich rieb es dem Pinguin in die Federn und kratzte danach die entstandene klebrige Masse ab. Nach jedem Waschgang schüttelte er sich wie ein nasser Hund.

Weil er so kooperativ geworden war, entfernte ich auch das Gummiband von seinem Schnabel und band seine Füße los, was den Reinigungsprozess sehr erleichterte. Er unternahm keinen Versuch, nach mir zu picken oder zu flüchten, stattdessen wippte sein Kopf auf und ab, während er mir mit offensichtlicher Neugierde zusah. Erst mit dem einen Auge, dann mit dem anderen nahm er aufmerksam jeden Fortschritt des Säuberungsvorgangs wahr und blickte mir immer wieder ins Gesicht, um sicherzugehen, dass ich meiner wichtigen Aufgabe auch genügend Aufmerksamkeit widmete.

Als das Spülmittel leer war, benutzte ich Shampoo und wusch jeden Zentimeter des Vogels mehrmals. Aufrecht im Bidet stehend, ließ er mich meine Arbeit machen und leistete keinerlei Widerstand. Er versuchte weder, das seifige, teerige Gemisch mit dem Schnabel zu entfernen, noch wehrte er sich, als ich vorsichtig sein Gesicht und die Augenpartie reinigte, wofür ich ausschließlich Butter verwendete.

Nach einer Stunde Arbeit war er wieder als Pinguin zu erkennen. Seine schwarzen Federn waren wieder schwarz, richtig glänzend und geschmeidig, und seine Bauchfedern waren zwar nicht blütenrein, aber immerhin gräulich weiß.

Zum letzten Mal ließ ich das Wasser im Bidet ab, und als ich es nicht wieder nachfüllte, beäugte mich der Pinguin aufmerksam. Einige Zeitlang blickten wir uns an, und ich begutachtete das Ergebnis meiner Mühen.

»War's das? Sind wir fertig? Alles wieder sauber? Ich hoffe, du hast nichts übersehen!«

Langsam wanderte mein Blick vom Pinguin auf die dahinterliegende Wand und durchs Badezimmer. Wegen seines Schüttelns nach jedem Waschgang waren die Wände großflächig mit einem dünnen Film aus schmutzigem Spülmittel, Öl und Wasser bedeckt, und, wie ich mit einem Blick in den Spiegel feststellte, ich ebenfalls.

Obwohl er nun blitzsauber war, wollte ich nicht, dass er frei in der Wohnung herumlief, deshalb setzte ich ihn in die Badewanne, während ich das Bad und mich selbst saubermachte. Er wirkte erschöpft und legte sich auf den Bauch, wedelte gelegentlich mit dem Hinterteil und beobachtete mich, als ich duschte und mir die Dreckspritzer aus Gesicht und Haaren wusch.

Da Ferienapartments für gewöhnlich selten mit den notwendigen Utensilien zum Entölen eines Pinguins ausgestattet sind und auch das Penthouse der Bellamys keine Ausnahme darstellte, machte ich einen kurzen Ausflug zum örtlichen Markt, wo ich große Mengen an Papierhandtüchern und neues Spülmittel besorgte. Außerdem kaufte ich eine Dose Sardinen, das Einzige, von dem ich mir vorstellen konnte, dass ein Pinguin es womöglich zu Abend essen möchte. Beim Einkaufen durchstöberte ich mein Hirn bis in die hintersten Winkel nach Wissensfetzen über Pinguine, die ich vielleicht irgendwann einmal aufgeschnappt hatte, denn auf einmal nagten Zweifel an mir. Eine leise Stimme sagte mir, dass das

Spülmittel die natürliche wasserfeste Schicht entfernt haben könnte, die alle Seevögel besitzen, um in ihrem Element zurechtzukommen; dass sein Gefieder sich nun mit Wasser vollsaugen und er untergehen und ertrinken würde. Wenn das stimmte, hatte ich gerade ganze Arbeit geleistet und auch noch den letzten Rest Wasserfestigkeit von diesem Pinguin abgewaschen. Nach allem, was wir durchgemacht hatten, lag mir sein Wohlergehen sehr am Herzen. Ich wollte ihm doch nur helfen, aber ohne direkten Zugang zu Informationen zum Thema Säuberung von Seevögeln – damals gab es keine Möglichkeit, schnell »Wie entteere ich einen Pinguin« zu googeln – musste ich mich auf mein Gedächtnis und meinen gesunden Menschenverstand verlassen.

Während ich durch die leeren Straßen zurück zur Wohnung ging, dämmerte mir, in welche Situation ich mich eigentlich gebracht hatte, und ein Schatten legte sich über unsere bisherigen Fortschritte. Ich musste bei Tagesanbruch aufstehen und mich auf die Rückreise nach Buenos Aires machen, um mich dort wieder auf die Arbeit vorzubereiten; all das war bereits geplant und nicht mehr zu ändern. Wie sollte ich das mit einem behinderten Pinguin im Schlepptau anstellen? Natürlich sollte er nicht bei mir bleiben. Es wäre schlichtweg unmöglich, einen Pinguin in einer Wohnung in Buenos Aires zu halten. Und ich konnte einen Pinguin so gut gebrauchen wie ein Pinguin ein Motorrad. Zufällig war das Motorrad nämlich mein Fortbewegungsmittel in Argentinien. Mit ihren Stummelbeinen können Pinguine leider nicht auf dem Sozius sitzen!

Ich versuchte, mir einzureden, dass ich keine gesicherten Informationen über das Säubern von Meeresvögeln hatte und dass das mit der wasserfesten Schicht wahrscheinlich sowieso nur ein Ammenmärchen war. Entschlossen ging ich den Weg zurück und nahm mir vor, den Pinguin wieder im Meer auszusetzen, um mich all den wichtigen Dingen widmen zu können, die ich zur Vorbereitung auf das neue Trimester erledigen musste. Er würde einfach in den Ozean zurückkehren und sein Glück selbst versuchen müssen, anders ging es nicht. Ich konnte den Pinguin nicht behalten, und ohnehin wäre er unter seinesgleichen am besten aufgehoben.

Ich hatte ihn in der Badewanne gelassen, und als ich durch die Badezimmertür kam, lief er flügelschlagend in der Wanne auf und ab. Seine kleinen Augen leuchteten.

»Du warst aber lange weg!«, sagten sie. *»Ich hab mich schon gefragt, ob dir was passiert ist. Was hast du denn gemacht?«*

Wenn er ein Hund gewesen wäre, hätte er mit dem Schwanz gewedelt, und ich war überzeugt, dass er sich freute, mich zu sehen.

Ich öffnete die Sardinenbüchse mit dem dazugehörigen Roll-Dietrich und bot ihm Fischstückchen an. Er reagierte angeekelt. Ich versuchte, ihm kleine Stücke auf den Schnabel zu legen, doch er schüttelte sie sofort ab. Als ich ihm den Fisch noch einmal hinhielt, vergrub er den Schnabel im Brustgefieder und schloss seine mehrschichtigen Augenlider. Dann öffnete er sie wieder und sah mich an.

»Hier, ich habe dir Sardinen zum Abendessen mitgebracht«, sagte ich.

»Igittigitt! Nimm das weg! Was ist das für ekliges Zeug?«

Ich gab auf, trocknete ihn mit den Papierhandtüchern ab und fing an, Butter und Olivenöl in seine Federn zu reiben, um sie wieder wasserfest zu machen, bis er aussah wie ein eingefetteter Schwimmer. Als ich ihn mit allen Fetten, die mir zur Verfügung standen, imprägniert hatte, setzte ich den Pinguin in eine Einkaufstasche, um ihn vor dem als Concierge getarnten Drachen zu verstecken. Schweigend machten wir uns auf den Weg zum Meer.

Nur die Küstenstraße trennte die Wohnung der Bellamys vom Atlantik. Der Strand war hier angenehm sandig mit Felsausläufern; von der Ölpest oder den unglückseligen Pinguinen, die nordöstlich der Landspitze den Küstenstreifen bedeckt hatten, fehlte jede Spur.

Hastig überquerte ich die Straße und ging ans Meer, setzte den Vogel in den feuchten Sand und trat einen Schritt zurück. Ich erwartete, dass er ins Wasser eilen, fortschwimmen und seine wiedergewonnene Freiheit genießen würde. Doch er tat nichts dergleichen. Schnurstracks kam er zu mir zurück. Schlimmer noch, er sah mich an, blickte mir direkt in die Augen und schien mit mir zu sprechen.

»Wieso willst du mich wieder in den mörderischen, ölverseuchten Ozean zurückschicken, wo wir doch gerade Freunde geworden sind?«

»Geh schon«, sagte ich, *»geh zurück zu deinen Pinguin-Freunden. Ich kann dich nicht mitnehmen!«*

Doch er blieb neben meinen Füßen stehen und sah mich flehend an.

»Ich kann nicht zurück! Ich kann nicht mehr schwimmen, du hast doch meine wasserfeste Schicht abgewaschen.«

Herrgott nochmal! Das lief rein gar nicht nach Plan. Ich hob ihn auf und trug ihn zu den Felsen.

»Du kannst nicht mitkommen«, erklärte ich ihm geduldig. *»Ich fahre morgen nach Argentinien zurück. Ich muss Montag wieder arbeiten. Du kannst nicht mit. Schwimm jetzt los.«*

Die leichte Brandung des Atlantiks ließ das Wasser um etwa einen Meter steigen und fallen. Ich wartete ein Wellental ab, setzte ihn auf einen Felsen und kletterte wieder zurück an einen höhergelegenen Punkt. Innerhalb von Sekunden kam die nächste Welle, und er verschwand aus meinem Blickfeld. Ich wartete und sah angestrengt aufs Wasser, um ihn davonschwimmen zu sehen. Doch kurz darauf zog sich das Wasser wieder zurück, und er war weg. Zwischen den Reflexionen auf dem Wasser musste ich ihn aus den Augen verloren haben.

»Auf Wiedersehen, kleiner Vogel«, sagte ich. *»Viel Glück. Möge dein Weg nun frei von Hindernissen sein!«* Doch als ich mich umdrehte und gerade gehen wollte, kämpfte sich ein tropfnasser Pinguin aus dem Wasser. Er war wohl im Kreis geschwommen und hatte nicht aufs offene Meer hinausgefunden. Ich musste es noch einmal probieren und ihn weiter vorn auf die Felsen setzen, wo der Weg frei sein würde.

Ich sah mir die Felsen, die aus dem Wasser ragten, genau an und beobachtete, wie häufig die Wellen anbrandeten. Zwischen dem Steigen und Fallen der Wellen lagen mehrere Sekunden, bis erneut der Scheitelpunkt erreicht war. Zuversichtlich, dass ich es noch weiter hinaus auf die Felsen schaffen würde, hob ich den Pinguin auf und wartete. Ich musste nur den richtigen Sekundenbruchteil erwischen.

Es wurde bereits dunkel, und das Meer war sehr kalt. Die Felsen wurden freigelegt, wenn der Wasserspiegel sank. Im Kopf zählte ich die Sekunden, dann setzte ich den Pinguin auf dem entferntesten Punkt ab, den ich erreichen konnte, und zog mich wieder zurück. Kaum hatte ich die Hälfte des Weges zurückgelegt, merkte ich jedoch, dass ich nasse Füße bekommen würde. Als meine Trittsteine in der Gischt verschwanden, trat ich daneben und stolperte knietief durchs eiskalte Wasser. »Mist!«, japste ich, als die kalte Welle mich erfasste und bis zur Hüfte durchnässte. Mühsam kämpfte ich mich Richtung Strand, rutschte erneut aus, streckte den Arm bis zur Schulter ins Wasser, um nicht vollends zu versinken, und schürfte mir dabei die Handfläche auf.

»Typisch! Wann lernst du endlich, dich rauszuhalten?«, fragte ich mich selbst.

Ich stand am Strand und spürte die Kälte, als der Wind stärker wurde und mir meine nassen Kleider um den Körper schlug. Ich blickte auf meine klatschnassen Schuhe hinunter, die Jeans klebte mir an den Beinen. Der Ärmel meines Jacketts haftete an mir, Wasser lief mir den Arm hinunter und strömte aus der Manschette in den Sand. Da fiel mir auf einmal das Paar Füße auf, das neben meinem stand.

Ich hob den Blick etwas und merkte, dass jemand mich nasses Häufchen Elend beäugte.

»Ganz schön kalt das Wasser, oder?«

»Schau dir das an! Deinetwegen bin ich klitschnass!«, sagte ich zu dem Pinguin, der nun neben mir stand und mich von oben bis unten musterte.

»Deine Sachen sind wohl auch nicht wasserdicht, was?«, schien er zu sagen.

Ich sagte ihm, er solle zu seinen Artgenossen verschwinden, und während ich schnell den Strand hinauflief und mir das Wasser nur so aus den Schuhen quoll, hoffte ich inständig, dass die Concierge noch immer unterwegs war. Besucher daran zu hindern, Seetang und Sand ins Haus zu schleppen, war schließlich genau das, wofür sie bezahlt wurde.

Die Ufermauer am Straßenrand ragte ungefähr einen Meter über den Strand, und obwohl an der Stelle keine Treppe war, konnte ich über einen Felsausläufer bequem hinaufsteigen.

Was genau fühlte ich, als ich mich umdrehte und sah, dass der Vogel nun den Strand hinauf hinter mir herlief? Das Salzwasser brannte in den Wunden an meiner Hand, und ich war zu nass und durchgefroren, um mich über die Hartnäckigkeit des Pinguins zu freuen. Doch die Ufermauer war zu hoch für ihn, und wenn er das erst verstanden hätte, würde er selbst zurück ins Meer finden müssen, dachte ich. Ich zwang mich, die Objektivität eines Tierfilmers anzunehmen, und widerstand dem Drang, weiter einzugreifen – ich konnte nichts mehr für ihn tun.

Ich hielt nur an, um ein Auto vorbeizulassen, überquerte die Straße und wollte zu meinem Apartmentblock zurückgehen. Ich warf einen Blick über die Schulter. Dort, auf der gegenüberliegenden Straßenseite, erklomm ein Pinguin die Felsen und lief auf mich zu.

»Stopp!«, schrie ich, sowohl an den Pinguin als auch an den heranbrausenden Lieferwagen gerichtet, doch der Fahrer hörte mich nicht und sah auch den Pinguin nicht. Mir graute vor dem dumpfen Schlag, als er vorbeischoss. Doch es war keiner zu hören. Sobald der Wagen weg war, spazierte der Vogel über die Straße. Ohne eine weitere Sekunde zu verschwenden, rannte ich zu ihm und hob ihn hoch. Er war triefnass und fühlte sich sehr kalt an.

»*Was soll ich bloß mit dir machen?*«, fragte ich.

Wieder wurde ich von der nörgeligen Stimme in meinem Kopf gescholten: »Ich habe dir doch gesagt, dass Meeresvögel im Wasser nicht überleben, wenn man sie mit Spülmittel wäscht!« Wieso klang sie nur wie meine Mutter?

Vorsichtig setzte ich den Pinguin in die Tasche, schlug sie oben einmal um und drückte den Vogel an meine Brust, um ihn zu wärmen. So ging ich durch die Glastür des Hauses.

»Oh! Señor, was ist denn mit Ihnen passiert? Geht es Ihnen gut?«, fragte die ehrlich besorgt wirkende Concierge, als sie meine nassen Kleider und das Blut sah, das von meiner Hand auf den Boden tropfte. Sie kam hinter ihrem Tresen hervor.

»Ich bin am Strand gestolpert und ins Wasser gefallen. Mir geht's gut, wirklich, keine Knochenbrüche. Aber ich brauche dringend eine heiße Dusche, damit ich mir nicht den Tod hole.«

»Sind Sie von den Felsen gefallen? Die sind rutschig. Sind Sie sicher, dass Sie sich nichts Schlimmes getan haben?«

»Mir geht es gut, vielen Dank! Wirklich. Ich muss mich bloß umziehen«, sagte ich und drückte mich um sie herum. Meine Schuhe schmatzten und hinterließen bei jedem Schritt sandige Pfützen. Ich musste mich schleunigst verdrücken, bevor sie darauf bestand, sich um mich zu kümmern, und den Pinguin entdeckte. »Oje, tut mir leid, dass ich solch einen Dreck mache! Ich wische das auf, sobald ich mich umgezogen habe.« Ohne auf ihre Antwort zu warten, hastete ich die Treppe hoch.

»Überlassen Sie mir das, Señor!«, rief sie mir hinterher. »Nehmen Sie erst mal eine heiße Dusche!« Natürlich hatte diesmal eine andere Concierge als sonst Dienst. Vielleicht hatte sich doch nicht die ganze Welt gegen mich verschworen.

In der Wohnung brachte ich den Pinguin zurück in die Badewanne, trocknete ihn noch einmal mit Papierhandtüchern ab, duschte kurz und legte meine Sachen zum Trocknen auf die Heizung. Dann machte ich mich daran, jeden noch so kleinen Beweis dafür, dass ich einen Pinguin in die Wohnung der Bellamys gelassen hatte, zu vernichten, was genauso viel Zeit in Anspruch nahm wie das Säubern des Vogels. Als alles erledigt war, überprüfte ich mein Gepäck, die Reservierung und Abfahrtszeit des Tragflügelboots und dachte über das Abendessen nach. Ich hatte alles im Kühlschrank aufgegessen, bis auf den Apfel und die Sardinen für den Pinguin, und beides erschien mir nicht angemessen für den letzten Abend meiner Reise. Ich hatte vorgehabt, außer Haus zu essen, aber zu dem Zeitpunkt hatte ich auch noch nicht auf einen Pinguin aufpassen müssen. Nachdem ich mich vergewissert hatte, dass er auch wirklich trocken war, setzte ich den Vogel wieder in die Badewanne, mehr konnte ich nicht für ihn tun. Ich nahm mein Buch und beschloss, dass ich es wagen konnte, essen zu gehen.

Widerwillig kam ich zu dem Schluss, dass ich versuchen musste, ihn mit nach Argentinien zu nehmen. Mein Reiseplan ließ es nicht zu, in Montevideo einen Zoo für ihn zu suchen, und wenn ich ihn in den Zoo von Buenos Aires bringen würde, könnte ich ihn wenigstens gelegentlich besuchen. Erleichtert, dass ich eine vernünftige Lösung für das Problem gefunden hatte, machte ich mich auf den Weg.

Ein paar hundert Meter von der Wohnung entfernt gab es ein nettes kleines Restaurant, und ich beschloss, meine letzte Mahlzeit in Uruguay dort einzunehmen. Ich bestellte Oliven, danach das übliche Steak mit Pommes und Salat und dazu eine Flasche meines belebenden argentinischen Lieblingsweins Malbec aus der wunderschönen Provinz Mendoza, um das Essen hinunterzuspülen.

Es war noch früh am Abend, und ohne andere Essensgäste, mit denen ich mich unterhalten konnte, entspannte ich mich endlich und schlug mein Buch auf. *Die Möwe Jonathan* war Anfang der siebziger Jahre eine sehr beliebte Novelle, und ich las gerade die spanische Ausgabe, *Juan Salvador Gaviota.* Doch egal, wie sehr ich mich bemühte, ich konnte mich nicht auf Möwen konzentrieren. Ich musste immerzu an einen gewissen Pinguin in einer Badewanne denken. Höchstwahrscheinlich wäre er tot, wenn ich zurückkam. Ich war mir fast sicher. Das arme Tier musste große Mengen Öl geschluckt haben und würde bald an der daraus resultierenden Vergiftung sterben. Das war unumgänglich. Es schien einfach unmöglich, dass ein einziger Pinguin in der Lage sein sollte, das Gift und das Trauma, das alle anderen Vögel am Strand getötet hatte, zu überleben. Für mich stand fest, dass er tot sein würde, wenn ich zurückkam. Und ich hatte ihm seine letzten Stunden auch noch qualvoller gestaltet, als sie ohnehin schon gewesen wären. Ich blickte weiter ins Buch, aber die Wörter tanzten nur vor meinen Augen: *Juan Salvador, Juan Salvador …*

Auf einmal begann ich, inständig zu hoffen, dass der Pinguin überleben würde, denn nun hatte er einen Namen: Sein Name war Juan Salvador Pingüino, und mit diesem Namen entstand eine wilde Hoffnung und eine enge Verbundenheit, die ein Leben lang halten sollte. In diesem Augenblick wurde er zu meinem Pinguin, und egal, was die Zukunft bringen würde, wir würden uns ihr gemeinsam stellen.

Hastig schlang ich mein Essen hinunter, bezahlte die Rechnung und rannte zurück zum Apartment, aufs Schlimmste gefasst. Doch als ich die Wohnungstür öffnete, wusste ich bereits, dass alles gut war, denn ich hörte, wie er in der Wanne auf und ab lief und zur Begrüßung mit den Flügeln schlug.

Beim Betreten des Badezimmers sah er mich auf seine unnachahmliche Art an:

»Ach, bin ich froh, dass du wieder da bist! Du warst schrecklich lang weg«, schien er zu sagen, und ich merkte, dass ich ihn anlächelte – genauer gesagt, grinste ich von einem Ohr zum anderen, und ein dicker Stein fiel mir vom Herzen.

»Ja, Juan Salvador, da bin ich wieder, und ich bin heilfroh, dass du so putzmunter aussiehst!«

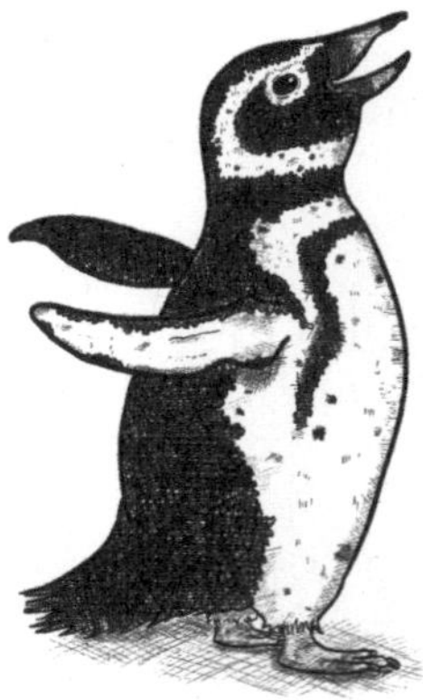

»Ja, Juan Salvador, da bin ich wieder, und ich bin heilfroh, dass du so putzmunter aussiehst!«

STURMWARNUNG
FÜR DIE FALKLAND-INSELN

Kapitel 4
In dem eine Kneipenschlägerei zu einem Plan führt

Als ich an diesem Abend ins Bett ging, versuchte ich, einen Plan zu schmieden, wie ich einen Pinguin durch den Zoll und über die Grenze nach Argentinien schaffen sollte, ohne aufgehalten zu werden. Ich würde mich auf meine Einschätzung der nationalen Seele des Landes verlassen müssen, über die ich bereits einiges gelernt hatte, obwohl ich erst seit sechs Monaten in Argentinien lebte. Nach meinen Erlebnissen in der ersten Woche in Quilmes, einem Vorort von Buenos Aires, hielt ich mich für einen Experten auf diesem Gebiet, und einen Großteil dieses Wissens verdankte ich meinem neuen Kollegen, einem Geschichtslehrer namens Euan McCree.

Das St. George's College ist ein Internat nach dem Vorbild englischer Privatschulen. Die ursprünglichen Schulgebäude waren in üppigem Kolonialstil errichtet worden, und in gewisser Hinsicht war das College in den zwanziger Jahren steckengeblieben. Es war im Jahre 1898 von einem gewissen Canon Stevenson für die Ausbildung der Kinder jener Briten gegründet worden, die in Argentinien lebten und hauptsächlich im Eisenbahnbau, in der Kühlwarenlogistik und in der Viehwirtschaft arbeiteten und für die es zu zeit- und auch zu kostenaufwendig gewesen wäre, ihre Kinder in England zur Schule zu schicken. Doch bis zum Jahr 1970 hatte sich die Klientel verändert. Obwohl immer noch viele der Schüler britischer Abstammung waren (in vielen Fällen hatten bereits ihre Väter und Großväter das College besucht), waren sie inzwischen seit zwei oder drei Generationen Argentinier und sahen England nicht mehr als »Heimat« an. Die Mehrheit jedoch kam aus argentinischen Familien spanischer Herkunft.

St. George's ist das einzige Internat in Argentinien, das Mitglied der Headmasters' Conference – oder HMC – Schools ist. Deswegen ist es extrem teuer und exklusiv, hielt sich damals selbst für die krönende Spitze der Sekundarstufe in ganz Südamerika und zog Schüler aus fast allen Länder des Kontinents an. Der Unterricht wurde größtenteils auf Spanisch abgehalten, der argentinische zentrale Lehrplan wurde befolgt, und die Schüler wurden von vor Ort ausgebildeten Lehrern unterrichtet, was für Schüler, die in diesem Land ihre Ausbildung fortsetzen und auch dort arbeiten wollten, angebracht und richtig war. Lediglich circa zwanzig Prozent verfolgten einen ausschließlich englischen Lehrplan mit den üblichen O- und A-Levels. Eine gewisse Anzahl britischer Lehrer war angestellt, um diese Fächer zu lehren und den Standard gesprochenen Englischs zu garantieren, der von den zahlenden Eltern erwartet wurde.

Ich hatte Euan auf der Reise von England nach Argentinien kennengelernt. Wir waren in jenem Jahr die beiden neuen Mitglieder des Lehrkörpers. Er war einen Meter neunzig groß, sein Haar und Bart waren nicht lang, aber struppig und dunkelbraun, was einen starken Kontrast zu seiner hellen Haut bildete. Er war etwa fünf Jahre älter als ich und das Ebenbild von Kapitän Haddock aus *Tim und Struppi*, doch mit dem Aussehen endete die Ähnlichkeit auch schon wieder. Euan verfügte über die brillanteste Allgemeinbildung, die mir je untergekommen ist. Er hatte zu nahezu jedem Thema quasi enzyklopädisches Wissen. Was umso bemerkenswerter erschien, da er in der rausten Gegend von Belfast in Nordirland aufgewachsen war, oder Ulster, wie er es nannte. Sein Vater war Betriebsobmann der Harland-&-Wolff-Werften gewesen. Er hatte den breitesten Akzent, den man sich vorstellen kann, und wegen seines Dialekts war er für einen Engländer nur sehr schwer zu verstehen.

Euan hatte ein erstaunliches, übernatürliches Gedächtnis und konnte bereits nach einmaligem Lesen große Teile von Gedichten und Prosatexten rezitieren. Mit ihm ging es immer direkt ans Eingemachte. Beim Frühstück wollte er über Nietzsche reden, und wenn man nicht aufpasste, was man erwiderte, war es gut möglich, dass man missverstanden und in eine Ecke mit Euthanasie-Befürwortern oder ähnlichen Abscheulichkeiten gestellt wurde. Irgendwann tat ich lieber so, als wäre ich völlig vertieft in einen äußerst fesselnden Zeitungsartikel, der meine *ungeteilte* Aufmerksamkeit erforderte, wie zum Beispiel einen Bericht über den Schiffsverkehr im Hafen von Buenos Aires. Doch all das fand ich erst heraus, als wir uns besser kannten.

Während unserer ersten Tage in Argentinien, als unser Selbstvertrauen allmählich wuchs, hatten wir beschlossen, unseren Horizont zu erweitern, und wollten die Innenstadt von Buenos Aires aufsuchen und uns ins Nachtleben stürzen. Wir hatten also den Zug von Quilmes bis zur Endstation Constitución im Stadtzentrum genommen und waren dann mit der *subte* – der U-Bahn, eine Abkürzung von *subterráneo* – zur Avenida de 9 Julio, der breitesten innerstädtischen Straße der Welt, gefahren. Von diesem Boulevard gehen Straßen voller Geschäfte, Theater, Kinos, Restaurants und Bars ab. An jenem milden Februarabend pulsierten dort die Bässe und das Leben und versprachen genau die aufregende Zeit, die wir jungen Reisenden uns erhofften.

In drei, vielleicht auch vier Bars nahmen wir eine Kostprobe von ein, zwei Bierchen, um uns dann in einem Restaurant ein Steak zu gönnen. Danach, als der Himmel schon dunkel wurde, testeten wir eine weitere Bar, die beliebt zu sein schien. Die Türen standen an diesem warmen Abend offen, und Tangomusik drang über die Köpfe der bis auf die Straße hinausquellenden Menschenmenge zu uns herüber. Überall hörte man gutgelaunte Menschen, die den Abend genossen. (Mit anderen Worten, eine Bar wie jede andere in Buenos Aires!)

Aus neuentdeckter Loyalität zu der großen lokalen Brauerei bestellten wir Quilmes-Bier. Obwohl der Laden voll war, fanden wir noch einen Platz im dunklen Inneren und setzten uns auf zwei freie Stühle am Ende eines Tischs, an dem bereits sechs junge Männer saßen.

Unsere Getränke wurden uns auf die übliche Weise gebracht. Zwei Bierflaschen mit Gläsern darauf, dazu ein preiswerter kleiner Imbiss – meist Gewürzgurken – in zwei Schälchen. Unsere Rechnung war in der Mitte gefaltet und unter eins der Schälchen geschoben. Diese Rechnungen sammelte man dann über den Abend und bezahlte sie gebündelt, bevor man ging.

Wir musterten die übrigen Gäste. Den eleganten Anzügen und Arbeiteroveralls nach zu urteilen, schienen Menschen aller Schichten und Altersstufen in der Bar versammelt zu sein.

Leise sprachen wir über unseren bis dato erfolgreich verlaufenen Abend. Wir hatten uns in Zug und U-Bahn zurechtgefunden, ein leckeres Abendessen zu uns genommen und waren nun angenehm angeheitert. Ein bis zwei Biere würden uns sicher bei der weiteren Abendplanung behilflich sein.

Es dauerte nicht lange, bis einer der anderen Männer am Tisch sich zu uns umdrehte und »Hallo« sagte.

Mit dieser freundlichen Geste begann ein zögerliches Gespräch. Meine Spanischkenntnisse waren damals noch überaus begrenzt, und Euan sprach kein Wort Spanisch. Doch wie die meisten Menschen auf der Welt konnten unsere neuen Bekannten ein paar Brocken Englisch, so dass sich eine einfache Unterhaltung entspann.

»Ja, wir sind zum ersten Mal in Buenos Aires.«

»Ja, wir finden die Stadt sehr schön.«

»Nein, wir sind keine Touristen. Wir arbeiten hier, sind aber gerade erst angekommen.«

Sie stellten sich vor, als Carlos, Raúl, Andrés und so weiter. Wir taten es ihnen gleich, und so nahm das Gespräch seinen Lauf.

»Ja, hier gibt es wirklich viele schöne Mädchen.«

»Nein, wir waren noch nicht beim Fußball, werden das aber bald nachholen. Es scheint eine gute Mannschaft in Quilmes zu geben.«

»Ja, wir wissen, dass Argentinien 1978 die Weltmeisterschaft ausrichten wird.«

Ich winkte den *mozo* – den Kellner – herüber und bestellte noch zwei Bier.

»Nein, wir sind doch keine Yankee-Gringos! Wir kommen aus Großbritannien.«

»Ah, okay, ich verstehe … ihr seid Englisch, ja? Ihr wohnt in Londres, ja?«, fragte Carlo.

»Ach, nah! Ah'm n' English! Ah'm frame Oolsta.«

Völliges Unverständnis zeichnete sich auf den Gesichtern unserer neuen Freunde ab.

»Frame Oirelan!«, sagte Euan erstaunlich gereizt, fand ich.

Wenn man bedenkt, dass selbst ich Mühe hatte, Euan zu verstehen, hatten unsere neuen Freunde natürlich keinen blassen Schimmer, was er sagte, und mir war, als hätte er inzwischen auch noch leicht angefangen zu lallen, was nicht gerade hilfreich war. Hastig versuchte ich zu erklären, dass Ulster ein anderes Land als England oder Irland war. Schon zufrieden, dass ich die unangenehme Situation elegant umschifft hatte, warf mich die nächste Frage völlig aus der Bahn.

»Wenn ihr also Engländer seid, was ist mit Las Malvinas?«

Damals war ich noch grün hinter den Ohren und hatte nicht die geringste Ahnung davon, dass die Falkland-Inseln, rund 275 Meilen östlich von Argentiniens Südspitze gelegen, Gegenstand von Territorialstreitigkeiten und der Grund für eine langanhaltende Fehde zwischen dem Vereinigten Königreich und Argentinien waren. Obwohl der Falklandkrieg zwischen Großbritannien und Argentinien erst zehn Jahre später beginnen würde, war ich kurz davor, einen Einblick in die Bedeutung von Las Malvinas für Argentiniens politisches Bewusstsein zu bekommen.

Ich war vollkommen verblüfft, aber Euan schien alles über die Inseln zu wissen (selbstverständlich).

»Ach! So ein Quatsch, das ist doch völliger Blödsinn!«

Plötzlich änderte sich der Tonfall im Gespräch mit unseren neuen Freunden. Die jungen Männer, die während unserer holprigen Unterhaltung überaus freundlich und entspannt gewesen waren, wirkten auf einmal todernst, ihre Körpersprache war angespannt.

Teils in gebrochenem Englisch, aber hauptsächlich auf Spanisch, was ich, so gut es ging, übersetzte, gaben sie Anschuldigungen gegen die bösen englischen Piraten von sich, die ihre Inseln gestohlen hätten. Es klang etwa so, wie die Spanier über Francis Drake sprachen, als er das Gold an sich nahm, das sie selbst von jemand anderem erbeutet hatten.

Euan, der die unnachahmliche Fähigkeit besaß, Argumente aus seinem glorreichen Gedächtnis auswendig vorzutragen, schmetterte ihre Ansichten lautstark nieder. Er zeigte ihnen einige unbequeme Wahrheiten über die Aneignung südamerikanischer Länder durch ihre spanischen Vorfahren auf. Was der Urbevölkerung widerfahren sei, während die Spanier ihre »Rechte« und »Ansprüche« geltend gemacht hatten, sei schlicht und einfach Genozid gewesen, nichts anderes. Die Briten hätten so etwas nie getan, sagte er.

Entgeistert blickte ich mich um, eine solche Situation hatte ich noch nie erlebt. Die Stimmen wurden lauter, und die anderen Gäste sahen mehr als unfreundlich zu uns herüber – ein krasser Gegensatz dazu, wie herzlich ich vor jenem Abend in Argentinien willkommen geheißen worden war. Ich bemerkte, wie mehrere stämmige Kerle sich in Richtung unserer Auseinandersetzung bewegten, und bekam allmählich das äußerst ungute Gefühl, dieser Abend würde völlig anders als erhofft ausgehen.

Euan wurde von Minute zu Minute lauter, unterstrich die Gültigkeit jedes seiner Argumente mit einem Faustschlag auf den Tisch und ignorierte meine nachdrücklichen Hinweise, dass wir jetzt besser gehen sollten. Auch von den Männern, die auf unseren Tisch zusteuerten, und den feindseligen Blicken der umstehenden Gäste nahm er keinerlei Notiz. Es war offensichtlich, dass die Jungs, mit denen wir uns unterhalten hatten, die unangenehm ausgeartete Diskussion nicht fortführen wollten. Einige von ihnen versuchten, ihre Freunde zurückzuhalten, und rieten ihnen, uns zu ignorieren.

»Okay. Es reicht! Wir wollen nicht mehr mit euch Engländern reden. Lassen wir das. Es reicht! Es reicht!«, sagte Carlos und kehrte uns den Rücken zu. Doch das hatte er natürlich auf Spanisch gesagt.

»Okay. ¡Ya suficiente! ¡Basta! No queremos hablar mas contigo. Déjelo. ¡Basta! ¡Basta!«

Wie bei einem Fahrradunfall verlangsamte sich die Zeit auf qualvolle Art und Weise, doch ich konnte den unvermeidlichen Zusammenstoß nicht aufhalten.

»Du nennst mich verfickter Bastard, du verfickter Bastard??!!!«, brüllte Euan Carlos an und sprang auf. In einer fließenden Bewegung griff Euan nach dem Hals einer Bierflasche und ließ sie auf die Tischkante krachen, um die übelste, mörderischste Waffe herzustellen, die man sich vorstellen kann. Glänzende Glasscherben funkelten in seiner geübten Hand, während er sich auf Carlos stürzte, um ihn mit der anderen Hand zu packen.

Augenblicklich ließ einer der Türsteher einen Holzknüppel auf Euans Arm krachen, so dass dieser die Flasche fallen ließ, die dann auf dem Boden zerschellte. Während zwei andere ihn an Hals und Schultern fassten, packte mich ein Vierter am Schlafittchen. All das geschah von einem Augenblick auf den nächsten, Stühle und Tische stürzten um, Gläser fielen zu Boden, und mit Hilfe einiger Gäste wurde Euan buchstäblich rausgeschmissen. Seine Eins neunzig lagen zu einem Häuflein zusammengesackt auf der Straße. Ich wurde lediglich vor die Tür gesetzt. Entgeistert blickte ich Euan an. Ich konnte nicht glauben, was gerade passiert war. Langsam und ungeschickt rappelte er sich auf. Auf seinem Gesicht breitete sich ein irrationales, nerviges Grinsen aus – und dann fing er auch noch an zu singen! Ungläubig kam ich zu dem Schluss, dass er sich tatsächlich amüsierte.

Ich war völlig schockiert und ratlos. Ehrlich gesagt, war mir schlecht vor Angst. Ich war ein Junge vom Lande, aus der sanften Hügellandschaft des bäuerlichen Sussex. In meinem gesamten Leben hatte ich nur zwei jungenhafte Streits gehabt, die in einer Prügelei geendet hatten, und beide hatten nach den Queensberry-Regeln stattgefunden. So schnell es ging, machte ich mich auf den Rückweg zur Bahnstation und nüchterte in der abgekühlten Abendluft schnell aus. Euan stand inzwischen schwankend mitten auf der Straße, brüllte »Verfickte Bastarde!« und gestikulierte wild das Victory-Zeichen (das in Argentinien völlig bedeutungslos ist) in Richtung Bar, wo die Türsteher mit den Händen in den Hüften aufgereiht standen und eine menschliche Schranke bildeten. Ich setzte meinen Weg so geradlinig fort, wie ich konnte.

Es dauerte nicht lange, bis er mich einholte.

»Hey! Wo gehst du hin?«

»Ich gehe zurück zum College!«, antwortete ich, ohne ihn anzusehen. Ich wollte nichts mit ihm zu tun haben und fragte mich, was ich dem Direktor sagen sollte, warum ich allein zurückkäme. Doch absurderweise fühlte ich mich in gewisser Weise für seine Sicherheit verantwortlich, sonst hätte ich ihn einfach in der Menge abgeschüttelt.

»Wieso? Willst du nicht weitermachen?«

»Weitermachen? WEITERMACHEN?«, fragte ich entgeistert. »Nein, will ich nicht! Einen spaßigen Abend stell ich mir anders vor!«

»Der hat Bastard zu mir gesagt!«, sagte er entrüstet. »Sollte ich das etwa auf mir sitzen lassen? Hicks!«

»Er hat dich nicht Bastard genannt«, entgegnete ich wütend. »Er hat *basta* gesagt, das spanische Wort für ›genug‹. Du hast völlig überreagiert.« Fast hätte ich meinen Satz mit »du hirnloser Bastard« beendet, überlegte es mir jedoch anders. Nicht dass auf der Straße noch mehr leere Bierflaschen herumlagen.

Im nahezu leeren Waggon im Zug betastete Euan sein Gesicht und seine Hände, die bei dem Rausschmiss böse Abschürfungen davongetragen hatten. Er krempelte einen Ärmel hoch, um mir den fiesen blauen Fleck zu zeigen, der sich dort bildete, wo der Schlagstock des Türstehers ihn getroffen hatte.

»Verfickte Bastarde!«, murmelte er. Kurz darauf fügte er hinzu: »Kommst du auf dem Rückweg noch mit auf ein kleines Bier?«

»Nein!«, sagte ich. »Garantiert nicht! Ich wurde in meinem ganzen Leben noch nie irgendwo rausgeworfen!«

Er sah mich schief von der Seite an, als wollte er sagen, dass er noch nie jemanden getroffen hätte, der nicht regelmäßig irgendwo hinausgeworfen wird.

»Wo hast du das mit der Flasche gelernt?«, fragte ich, um die beiden Seiten von Euan wieder in Einklang zu bringen: den gebildeten Intellektuellen und den betrunkenen Irren.

»Saugt man bei uns schon mit der Muttermilch auf!«

Mir blieb nichts anderes übrig, als ihm zu glauben, doch ich fand allein die Vorstellung der Verletzungen, die man mit einer solchen Waffe verursachen konnte, entsetzlich.

Er blickte aus dem Fenster auf die vorbeiziehenden Lichter und fing wieder an zu singen.

Ich gab mein Bestes, so zu tun, als gehöre er nicht zu mir.

Nach kurzem Schweigen sagte er: »Wenn du dich an mich hältst, werden wir 'ne Menge Spaß haben, mein Freund!«

Ich spürte, dass mir der Mund offen stand, doch die Worte wollten einfach nicht rauskommen. Was meinte er bloß?

»Wegen mir hast du heute ein paar Biere umsonst gekriegt!«, erklärte er. »Du schuldest mir was, Kumpel!«

Es stimmte, wir hatten nicht für die Biere bezahlt. Wie viele? Zwei – oder vielleicht drei – jeder? Doch noch schlimmer war, dass ich jetzt anscheinend irgendeine Art von Ehrenschuld bei diesem wandelnden Pulverfass hatte.

Ich war angesichts dieser abstoßenden Logik wie vom Donner gerührt. Mir fehlten die Worte. Ich kam zu dem Schluss, dass es vermutlich ohnehin besser wäre, nicht weiter darauf einzugehen, aus Angst, es nur noch schlimmer zu machen. Zum ersten Mal hatte ich das Gefühl, von ihm schachmatt gesetzt worden zu sein.

Schachmatt hin oder her, ich beschloss, nie wieder mit ihm irgendwohin zu gehen. Doch immerhin hatte ich eine wertvolle Lektion gelernt. Von da an verstand ich sowohl die Fixierung auf die Inseln als auch den leidenschaftlichen patriotischen Nationalismus Argentiniens.

Jetzt, während ich im Bett lag und auf den Schlaf wartete, weil ich am nächsten Morgen früh aufstehen musste, nahm ein Plan in mir Gestalt an, wie ich Juan Salvador aus Uruguay hinausschmuggeln könnte. Ein wenig Feinschliff wäre noch vonnöten, aber allmählich dämmerte mir, dass ich Euan McCree womöglich tatsächlich etwas schuldig war …

HART AN DER
GRENZE

Kapitel 5
In dem beinahe alles nach Plan läuft

Am nächsten Morgen klingelte mein Wecker um fünf. Obwohl ich beim Schlafengehen fest entschlossen gewesen war, Juan Salvador mit nach Argentinien zu nehmen, machte ich mir doch Sorgen, wie der Tag verlaufen würde. Draußen war es noch dunkel, doch ich stand schnell auf, um nachzusehen, ob er die Nacht überlebt hatte, und musste breit grinsen, als ich beim Betreten des Badezimmers merkte, dass er offensichtlich wohlauf und zufrieden darüber war, mich zu sehen. Flügelschlagend lief er in der Badewanne auf und ab, wippte mit dem Kopf und blickte mich an, linkes Auge, rechtes Auge.

»Ah, guten Morgen! Gut geschlafen? Sind wir schlecht aus den Federn gekommen? Na ja, besser spät als nie, sag ich immer. Jetzt wird's aber auch allmählich Zeit. Und was machen wir heute, stürzen wir uns ins nächste Abenteuer?«, gab er zu verstehen.

»Heute fahren wir mit dem Tragflügelboot zurück nach Argentinien«, sagte ich. *»Will heißen: Benimm dich, mein Freund, dann wird alles gut. Überlass das Reden einfach mir, in Ordnung?«*

Ich suchte meine Sachen zusammen, steckte Juan Salvador in das Einkaufsnetz und schloss nach einem prüfenden

Blick durch das Apartment zum letzten Mal die Tür. Als ich mich in der kalten Dunkelheit auf den Weg zur Bushaltestelle machte, hoffte ich inständig, die Bellamys würden nie herausfinden, dass ich in ihrem Badezimmer einen Pinguin gesäubert hatte. Ich hatte getan, was ich konnte, um jegliche Spuren des ungewöhnlichen vorigen Tages zu beseitigen, und außer einem leichten Seevogel-Geruch war nichts übrig geblieben, da war ich mir sicher.

Ich ging bis ans Ende der Straße und zögerte. Keine Menschenseele war unterwegs, und das einzige Geräusch war das leise Plätschern des Meeres, das kalt und tintenschwarz dalag. Das Licht des neuen Tages leuchtete gerade erst im Osten am Himmel auf. Vor mir lag ein Weg, der in unterschiedliche Richtungen auseinanderlief, und ich musste mich entscheiden. Danach gäbe es kein Zurück mehr. Der eine war schnurgerade und glatt, vernünftig und problemfrei. Ich brauchte nur den Pinguin am Strand auszusetzen, wo er schnell erfrieren würde, wenn das Wasser auf seinen nicht mehr wasserabweisenden Federn verdunstete, während ich mich hastig zur Bushaltestelle davonmachte. Ich könnte dieses Vorgehen damit rechtfertigen, dass der Pinguin ohnehin gestorben wäre und ich immerhin mein Bestes gegeben hätte. Konnte man denn mehr von mir erwarten?

Doch von der gleichen Stelle zweigte auch ein anderer Weg ab. Er war zerklüftet und verschmutzt, überwuchert von Dornenzweigen und so schattig, dass ich kaum die nächste Biegung erkennen konnte, doch gab er Juan Salvador die Chance zu leben.

Hatte ich die Wahl? Welche Wahl hatte ich?

Im Wald, da war ein Weg, der Weg lief auseinander,
und ich – ich schlug den einen ein, den weniger
begangnen,
und dieses war der ganze Unterschied.

Mit einem Entschluss in der einen und einem getarnten Einkaufsnetz in der anderen Hand erreichte ich in der Morgendämmerung die Bushaltestelle. So früh am Morgen waren nur wenige Menschen nach Montevideo unterwegs, und die meisten wirkten müde und zerzaust; mit meinen in Papiertüte und Einkaufsnetz verstauten Habseligkeiten fühlte ich mich also nicht fehl am Platz. Als der *colectivo* mit kaum zehn Minuten Verspätung ankam, war er ungefähr halb voll, und ich setzte mich neben ein hübsches Mädchen in meinem Alter, das mich beim Einsteigen ermunternd angelächelt hatte. Während meiner Zeit in Südamerika hatte ich die leidvolle Erfahrung machen müssen, dass es in einem halbvollen Bus immer besser ist, sich neben einen selbstgewählten Mitfahrer zu setzen, als den letzten freien Doppelsitz zu nehmen und das Schicksal über den Sitznachbarn entscheiden zu lassen. Dieser Fehler war mir einmal in Bolivien unterlaufen, und die nächste Person, die in den Bus einstieg, war eine sehr stattliche (und ich meine nicht große) Einheimische mit buntem Schal und Filzhut auf dem Kopf. Sie hatte drei kleine Kinder dabei, sowie ein Gefolge aus unzähligen Hühnern und einem Ferkel, die zumindest während Teilen der Reise in diversen Schachteln verstaut waren. Ich muss wohl nicht extra erwähnen, dass sie aus allen freien Sitzplätzen natürlich den neben mir wählte. Während der verbleibenden fünfstündigen Fahrt beanspruchte sie neben ihrem eigenen Sitzplatz nicht nur wesentlich mehr von meinem, als ihr zugestanden hätte, ich war zudem auch noch laufend damit beschäftigt, zappelnde, nicht stubenreine Kleinkinder und Nutztiere abzuwehren oder zu bändigen, die sich inner- oder außerhalb der Schachteln befanden, da sie ihr Hab und Gut laufend umsortierte.

Diesmal hatte ich meinen ganzen Besitz bis auf Juan Salvador in seinem Einkaufsnetz bequem im Rucksack verstaut. Ich hatte eine große braune Papiertüte umgekehrt über das Netz gestülpt und dessen Henkel durch zwei Schlitze im Tütenboden gefädelt, so dass der Inhalt nicht zu sehen war. Ich hatte wirklich keine Lust, jemandem zu erklären, warum ich einen Pinguin in einem Einkaufsnetz herumtrug. Und ganz sicher hatte ich keine Lust auf die Ratschläge wohlmeinender Personen, die sich bei der ersten Gelegenheit um mich scharen würden, um zu sagen: »Also das würde ich an deiner Stelle auf keinen Fall machen!« Die Würfel waren gefallen. Mein Entschluss stand fest, in Stein gemeißelt. Ich würde diesen Pinguin mit nach Argentinien nehmen, komme, was wolle. Ich konnte ihn nicht einfach zurück- und sich selbst überlassen, nachdem er am Strand bereits solchen Widerwillen gezeigt hatte. Abgesehen davon glaubte ich nicht, dass Juan Salvador noch lange auf dieser Welt weilen würde. Zwar hatte ihn das Öl verschont, doch ich befürchtete, er könnte verhungern. Ich wusste sicher, dass er seit zwölf Stunden nichts gefressen hatte, und bevor wir uns getroffen hatten, hatte er womöglich tagelang gehungert. Wenn er nicht durchkommen sollte, dann läge es zumindest nicht an fehlendem Einsatz meinerseits. Damit war die Entscheidung gefallen, und ich würde sie mit niemandem diskutieren, vor niemandem rechtfertigen oder mir diesbezüglich von irgendwem Ratschläge anhören.

Die Busfahrt nach Montevideo dauerte keine drei Stunden. Die Strecke war wunderschön, führte über Land und durch kleine Dörfer, während sowohl die Sonne als auch die Temperatur höher stieg. Ich fing an, mich mit dem hübschen Mädchen neben mir zu unterhalten, um mir die Zeit zu vertreiben. Sie hieß Gabriela und wollte ihre Tante in Montevideo besuchen. Während wir über Gott und die Welt redeten, bemerkten weder Gabriela noch die anderen Fahrgäste Juan Salvador, der in seinem Einkaufsnetz zwischen meinen Beinen stand, außer Sichtweite und unter Packpapier versteckt.

Kurz vor der Endstation in Montevideo breitete sich eine leicht fischige Duftwolke im Bus aus. Schnüffelnd blickten die Passagiere sich um, auf der Suche nach demjenigen, der einen Fisch aus seinem Proviant ausgewickelt hatte. Als sie bemerkten, dass der Geruch stärker wurde, begannen sie, unter ihre Schuhe zu schauen, um zu überprüfen, ob sie in irgendetwas Ekelhaftes getreten waren, und sahen in ihren Reisetaschen nach, ob dort vielleicht auf mysteriöse Weise etwas Unangenehmes hineingefallen war. Nur ein Fahrgast hielt sich aus der Suche raus – doch meine Wangen wurden immer röter und röter. Dieser merkwürdige Pesthauch war kein Rätsel für mich. Ich war die einzige Person im Bus, die wusste, dass der widerliche Gestank von Pinguinkot auf dem Boden herrührte, aber natürlich entschied ich mich dagegen, meine Mitreisenden darüber aufzuklären.

Gabriela, die neben mir saß, hielt selbstverständlich mich für die Quelle des grausigen Geruchs und allem, was damit zusammenhing. Mit einer Mischung aus Geringschätzung und Ekel sah sie mich an, doch ich konnte es ihr unmöglich erklären. Was hätte ich auch sagen sollen: »Schau mich nicht so an, das ist der Pinguin!«? Es war zu spät, der Bus bog gerade in die Parkbucht ein, und ohnehin wagte ich es nicht, mein Geheimnis mit ihr zu teilen, egal, wie hübsch sie war.

Zum Glück hielten wir an. Ohne nachzusehen, was geschehen war oder wie viel Guano auf dem Boden verschmiert war, schnappte ich meine Sachen und floh, schob jeden Gedanken an Gabriela und das, was sich noch hätte ergeben können, von mir.

Ich verschwand in eine Seitenstraße und folgte einem Schild zu einem Park. Ich erreichte einen netten Park mit Rasenflächen, Bäumen und Bänken, der Inbegriff einer Erholungsoase inmitten einer herrschaftlichen, wenn auch etwas heruntergekommenen Kolonialstadt. Gegenüber dem Park lag auf der einen Seite eine prachtvolle barocke Kathedrale, doch das Beste von allem – zumindest für meine Zwecke – war die frische Luft.

Auf den Terrassen der Bars und Cafés wurde Kaffee und Frühstück serviert, und ich setzte mich und bestellte genau das. Ich untersuchte das papierbedeckte Einkaufsnetz, und bis auf einen kleinen Fleck war kein Guano zu entdecken. Ich hob die Papiertüte etwas an, hielt sie so, dass sie den Inhalt des Netzes vor neugierigen Blicken abschirmte, und sah zu meiner Erleichterung, dass Juan Salvador anscheinend völlig zufrieden war. Er zeigte keinerlei Anzeichen von Not und machte auch keine Anstalten zu fliehen, sondern stand ganz still und blickte mich an.

»*Sind wir bald da?*«, fragte er mich ohne jede Entschuldigung für seinen Fauxpas im Bus.

»*Was mache ich hier eigentlich mit einem Pinguin?!*«, fragte ich. »*Ist dir klar, wie unfassbar peinlich das für mich war, Juan Salvador?*« Er blickte mich einfach weiter an, offensichtlich ungerührt von meinen Qualen.

Ich holte tief Luft. Mir würde wohl nichts anderes übrigbleiben, als weiterzumachen. Die Würfel waren schließlich gefallen, mein Entschluss stand ja fest, nicht wahr? In Stein gemeißelt! Komme, was wolle. Tja, ich würde weitermachen müssen und damit zurechtkommen. Und außerdem, dachte ich, konnte es sowieso nicht mehr schlimmer kommen, oder?

»Als Nächstes fahren wir mit dem Tragflügelboot. Das wird lustig! Aber keine bösen Überraschungen mehr, ja?«, flehte ich ihn an.

Ich hatte noch etwa eine Stunde Zeit, ehe ich am Hafen sein musste, also versteckte ich Juan Salvador wieder, um mein Frühstück zu genießen, während ich das Treiben um mich herum beobachtete. Mein dampfender Kaffee wurde gebracht, und schon bald spürte ich, wie seine Wärme meine Lebensgeister weckte.

In Südamerika war es der Großteil der Jungen im Schulalter gewohnt, etwas zum Haushaltseinkommen beizutragen, wenn sie nicht gerade Fußball spielten. Die Folge war, dass es in den Städten vor Schuhputzern nur so wimmelte. Das bedeutete saubere Schuhe für alle, Taschengeld für die Jugendlichen und eine Beschäftigung für ansonsten untätige Hände.

Einer dieser Jungen entdeckte mich, kam herübergerannt und setzte sich auf seinen selbstgezimmerten Holzkasten mit einem sorgfältig durchdachten Henkel, der dem Kunden gleichzeitig als Fußstütze diente. Traditionellerweise kamen diese Transaktionen meist ohne mündliche Kommunikation aus. Der Kunde akzeptierte das Geschäft, indem er den Fuß auf den Kasten stellte. Wenn er der Ansicht war, seine Schuhe hätten keine Säuberung nötig, ignorierte er den Jungen, der sich sogleich schweigend entfernte, ohne dass eine Partei es der anderen krummgenommen hätte. Ich stellte meinen Fuß auf den Kasten, und er machte sich an die Arbeit. Energisch wischte er den Staub ab, trug mit einer aus der Not geborenen Sparsamkeit eine winzig kleine Menge Schuhcreme auf seine Bürste auf und fing an zu wienern und zu polieren, wobei er den Mangel an Schuhcreme mit Muskelschmalz ausglich. Wenn der Junge der Meinung war, sich sein Geld am ersten Schuh verdient zu haben, klopfte er mit der Bürste zweimal auf den Fuß des Kunden als Signal dafür, dass er bereit für den zweiten Fuß war.

Während er mit meinem zweiten Schuh beschäftigt war, dachte ich darüber nach, wie ich eine Ausscheidung von Guano auf dem Tragflügelboot, mit dem Juan Salvador und ich über drei Stunden unterwegs sein würden, verhindern konnte. Dort im Park in der Wintersonne suchten mich plötzlich Gewissensbisse heim wegen des Drecks, den Juan Salvador im Bus hinterlassen hatte. Ich malte mir aus, wie jeder Polizist in ganz Montevideo nach dem geheimnisvollen Pinguinträger Ausschau halten würde, mit folgender Personenbeschreibung ausgestattet: »Blonder Europäer, mit roter Skijacke und Bluejeans, trägt einen Pinguin in einem Einkaufsnetz.« Ich kam mir doch ziemlich auffällig vor.

Der Junge tippte wieder auf meinen Fuß, um mir zu bedeuten, dass er mit seiner Aufgabe fertig war, und nachdem ich einen prüfenden Blick auf meine Schuhe geworfen hatte, drückte ich ihm ein paar Pesos in die Hand.

Schuhputzer hielten sich aus Prinzip nicht lange beim Kunden auf. Höchstens ein bis zwei Minuten pro Kunde, dessen Schuhe aufgrund des häufigen Putzens selten mehr Zuwendung benötigten. Sie diskutierten auch nie über Geld. Sie huschten einfach zum nächsten potentiellen Kunden weiter, den sie erblickten. Doch dieser Junge brach mit der Tradition.

»Señor«, sagte er.

Überrascht sah ich zu ihm hinunter, ungefähr so wie Mr. Bumble Oliver Twist angesehen hätte.

»Ist das ein Pinguin da unter Ihrer Tüte?« Aus seiner Perspektive hatte er Juan Salvadors Füße entdeckt. »Kann ich den mal sehen?«

Als ich mich vergewissert hatte, dass sonst niemand etwas bemerkt hatte, hob ich die Papiertüte ein wenig an, damit er darunterspähen konnte. Schweigend blickten sich die beiden eine Zeitlang an, und ich hatte das Gefühl, als finde ein Austausch zwischen ihnen statt, der keine Worte brauchte, Junge und Vogel, in einer Sprache, die nur sie beherrschten.

Schließlich, als der Bann gebrochen war, platzte der Junge mit derselben Frage heraus, die ich mir selbst erst ein paar Minuten zuvor gestellt hatte: »Warum haben Sie einen Pinguin dabei?«

Wie viel wusste er? Was hatte der Pinguin ihm erzählt? Ich suchte nach einer Antwort. »Weil ... äh ... Na ja, weil ...« Jedes Mal, wenn ich begann, gingen mir einfach die Worte aus. Wieso saß ich mit einem Pinguin in einem Einkaufsnetz mitten in Montevideo? »Weil ...« Ich versuchte es erneut.

»Weil Sie Engländer sind«, half mir der Junge sanft auf die Sprünge, mit einem wissenden, fast lehrerhaften Kopfnicken. Es war keine Frage, sondern eine Feststellung.

»Hör mal«, sagte ich und ergriff nun selbst die Initiative, »das ist jetzt egal. Was ich brauche, ist eine stabile Plastiktüte, in die ich ihn stecken kann. Wenn du eine für mich auftreibst, gebe ich dir fünfzig Pesos.« Er blickte mir unverwandt in die Augen. Ich merkte, dass er zwischen dem Geld, das er mit dem anschwellenden Strom von Menschen verdienen könnte, die jetzt auf dem Weg zur Arbeit waren, und der Zeit abwog, die es ihn kosten würde, eine Plastiktüte aufzutreiben und den Lohn dafür zu kassieren. Wie es den Gepflogenheiten entsprach, feilschte er.

»Sagen wir hundert?«, schlug er vor. Sein freches Grinsen leuchtete aus seinem schelmischen und schmutzigen Gesicht hervor. Es hätte gegen jede Regel des Feilschens verstoßen, wenn ich widerstandslos eingewilligt hätte.

»In Ordnung – unter der Bedingung, dass du sie mir bringst, bevor ich meinen Kaffee ausgetrunken habe«, sagte ich. Ich hatte ihm gezeigt, wer hier der Chef war! Ohne ein weiteres Wort, lediglich mit einem Blick in meine Tasse, verschwand er.

Gemächlich beendete ich mein Frühstück und war hocherfreut, als ich ihn mit einer geeigneten Tüte durch den Park auf mich zu rennen sah. Ich gab ihm 200 Pesos, und er hüpfte bis über beide Ohren grinsend davon.

Das *aliscafo* – das Tragflügelboot –, das zwischen Montevideo und Buenos Aires verkehrte, gab einem Reisenden, der unerwartet und kurzfristig einen Pinguin als Reisegefährten dabei hatte, reichlich Zeit, um sich die mögliche Reaktion der Zollbeamten auf der anderen Seite der Grenze auszumalen. Da das Tragflügelboot extrem laut, die Fahrt holprig und die kleinen Bullaugen von Abgasen verdreckt waren, blieb den Passagieren ohnehin nichts anderes übrig, als ihren Gedanken nachzuhängen. Es war nahezu unmöglich, zu lesen oder Gespräche zu führen (wofür ich diesmal dankbar war). Während der dreistündigen Fahrt über den Río de la Plata war ich mir also durch das Brüllen der Motoren und die Wucht des kalten Windes sicher, dass meine Mitreisenden nichts wahrnahmen, und sann über die nächste potentielle Hürde nach: Ich machte mir Gedanken über das Wesen der Pinguine. Allmählich begann in mir eine List Gestalt anzunehmen, auf die ich am Abend zuvor gekommen war, als ich an Euan McCree dachte. Ich würde mit den Worten »nichts zu verzollen« durch den Zoll gehen und Juan Salvador versteckt halten. Sollte er durch irgendeinen dummen Zufall doch entdeckt werden, würde ich erklären, dass Pinguine Zugvögel seien und ich diesen *argentinischen* Pinguin, der durch einen Unglücksfall verletzt worden war und lediglich bis zu seiner vollständigen Genesung mit mir unterwegs sei, in seine Heimat zurückbrächte. Danach würde er wieder in die freie Wildbahn entlassen werden. Schließlich war das tatsächlich mein Plan – zumindest würde ich das lieber tun, als ihn im Zoo von Buenos Aires abzugeben. »Eine solche Barmherzigkeit«, würde ich sagen, »kann doch sicher nicht verboten sein?«

Ich würde die Herkunft des Vogels hervorheben und damit hoffentlich jeden Zollbeamten bei seinem Nationalstolz packen, der in der argentinischen Seele fest verankert war, wie ich bei der Kneipenschlägerei herausgefunden hatte. Ich hoffte, deutlich machen zu können, dass man mir weder Bioterrorismus noch unerlaubten Import einer exotischen Spezies vorwerfen konnte. So vorbereitet, entspannte ich mich wieder und wollte der gütigen Schicksalsgöttin freie Hand lassen; doch, das muss ich zugeben, nicht ganz ohne Bedenken.

Die damalige Zoll- und Einwanderungsbehörde in Argentinien unterschied sich kaum von der anderer Länder. Heutzutage wird dem Einzelnen mehr Raum gegeben und man wird respektvoller behandelt, doch damals war es nicht gerade ein spaßiger Ort.

Die trostlose Einwanderungsbehörde unten an den Docks in Buenos Aires war mir nicht fremd. Bei meiner Ankunft in Argentinien hatte man mir lediglich ein Touristenvisum ausgestellt. Um eine Arbeitserlaubnis und Aufenthaltsgenehmigung zu erhalten, brauchte man die Einwilligung der Einwanderungsbehörde. Ausländische Arbeitnehmer mussten nachweisen, dass ihre Kenntnisse und Fähigkeiten denen der Arbeitnehmer vor Ort überlegen und von entscheidendem Nutzen für die Nation waren. In meiner jugendlichen Borniertheit fiel ich natürlich aus allen Wolken, als ich erfuhr, dass eine Arbeitserlaubnis in meinem Fall mehr als eine reine Formalität war.

Bewerber mussten sich zur vereinbarten Zeit und mit allen nötigen Unterlagen bei der »Arbeitserlaubnis-Abteilung« der Einwanderungskontrolle an den Docks einfinden. Diejenigen, die bis Feierabend nicht mehr an die Reihe kamen, hatten sich am nächsten Morgen erneut einzufinden und in die Schlange zu stellen, jeden Tag aufs Neue.

Obwohl der damalige Lebensstandard in Argentinien Menschen aus besser entwickelten Ländern niedrig hätte vorkommen können, war er für einige der armen nördlichen Nachbarn Argentiniens überaus erstrebenswert. Dementsprechend standen stets unzählige Bewerber an den Docks an. Doch in Argentinien wollte man keine ungelernten ausländischen Arbeiter und versuchte, diese abzuschrecken, indem man den Bewerbungsvorgang für eine Arbeitserlaubnis möglichst kompliziert, langsam und unbequem machte.

Es gab einen Weg, die Schrecken der Einwanderungskontrolle zu entschärfen. Gelernte Kräfte, die ein Jobangebot einer argentinischen Firma nachweisen konnten, wurden bevorzugt behandelt. Ihre Arbeitgeber konnten an ihrer Stelle einen anderen Angestellten mit den nötigen Papieren vorschicken, um einen Termin zu vereinbaren; eine Alternative dazu, dass sich jemand in die Schlange an den Docks einreihte, gab es jedoch nicht (außer Bestechung).

Das St. George's College hatte einen pensionierten Engländer, der in Argentinien geboren war, damit beauftragt, die Terminvereinbarung für seine Angestellten möglichst reibungslos zu gestalten. Für eine kleine Summe war Geoff gern bereit, mit meinem Pass ein paar Tage in der Schlange vor dem Büro der Einwanderungskontrolle zu verbringen, um einen Termin für mich auszumachen. Für die erfolgreiche Abwicklung war lediglich Geduld vonnöten. Der tapfere Geoff übernahm den Großteil des Schlangestehens für mich, doch wenn er keine Zeit hatte, musste ich einspringen. Abwechselnd hatten wir insgesamt zehn ermüdende Tage lang – verteilt über ebenso viele Monate – angestanden, ehe ich endlich eine Arbeitserlaubnis in meinen Pass gestempelt bekommen hatte.

Als ich diesmal im Hafen von Buenos Aires ankam, betrat ich die riesige Halle und reihte mich nervös in die »Entrada«-Warteschlange ein. Ich zeigte dem ersten freien Einwanderungsbeamten meinen Pass und mein Visum, woraufhin dieser auf die unzähligen Schlangen von Menschen verwies, die darauf warteten, zu einem Zollbeamten vorgelassen zu werden. Hunderte von Passagieren bewegten sich in Trippelschritten innerhalb ihrer Schlangen vorwärts, um dann ihr Hab und Gut auf einem Tisch vor den Beamten auszubreiten, die es untersuchten und gleichzeitig die Besitzer befragten. Dann und wann patrouillierten bewaffnete Trupps und beobachteten und überwachten die Arbeit der Zollbeamten – alles Teil der eisernen Hand, mit der im Ausnahmezustand nach dem nur kurze Zeit zurückliegenden Militärputsch regiert wurde.

Zwar hatte ich einen trockenen Mund, aber ich vertraute auf meine einstudierte Argumentation, und inzwischen beherrschte ich die Trippelschritte, mit Juan Salvador zu meinen Füßen, perfekt. Wie ein Pinguinelternteil bewegte ich mich vorwärts und schob ihn einfach vor mir her. Es war so einfach!

Als ich an der Reihe war, stellte ich meinen Rucksack auf den hüfthohen Tisch vor dem Beamten ab, den das Schicksal für mich auserwählt hatte. Ein gutaussehender, freundlicher junger Mann in Uniform begrüßte mich mit einem höflichen »Buenos días«, doch bevor ich antworten konnte, näherte sich ein zweiter Beamter und tippte auf seine Armbanduhr. »Gracias«, sagte mein Beamter zu seiner Ablösung und ging. Was für eine grausame Wendung! Vielen Dank auch, Schicksal. Der neue Beamte war übergewichtig und hatte schlaffe Wangen, außerdem war sein Unterkiefer viel zu groß für sein Gesicht. Seine graubraune Uniform wirkte ungepflegt. An seinem Hemd stand der oberste Knopf offen, weil er zu dick war, die Krawatte war gelockert. Eine handgerollte Zigarre, die ausgegangen war, klebte an seiner Unterlippe. Sein Schnurrbart war graumeliert und nikotinfleckig, und seinem stoppeligen Kinn nach zu urteilen, hatte er sich seit Tagen nicht rasiert. Er trug eine verspiegelte Sonnenbrille mit breitem Rahmen, so dass ich seine Augen nicht sehen konnte. Kein anderer Beamter im ganzen Raum hätte mich mit einer ähnlich unguten Vorahnung erfüllen können.

»Was zu verzollen?«, bellte er.

»Nein«, antwortete ich meinem Spiegelbild in seiner Brille.

»Wo waren Sie?«, fragte er ohne jeglichen Versuch, freundlich oder einladend zu klingen.

»Ich war in Uruguay.«

Offensichtlich war ich für ihn nur ein europäischer Tourist und nicht weiter von Interesse, denn er bewegte ruckartig den Kopf zur Seite, um mir zu bedeuten, dass ich weitergehen solle. Ich nahm meinen Rucksack und trippelte weiter. Ich hatte es geschafft! Welch Segen! Welche Freude! Einfacher hätte es kaum sein können. Wieso hatte ich mir den Nachmittag von Zweifeln verderben lassen? Plötzlich wirkte der Beamte ganz normal auf mich, beinahe engelsgleich.

Doch ich hatte mich zu früh gefreut. Bis heute weiß ich nicht, ob sich mein Hochgefühl irgendwie auf Juan Salvador übertragen hatte oder ob ich ihm einfach auf den Zeh getreten war. Wieso auch immer, aber im gleichen Augenblick, in dem ich einen erleichterten Seufzer ausstieß, gab Juan Salvador den ersten Laut von sich, den ich je von ihm gehört hatte. Ein lautes, durchdringendes Krächzen mit drei einzeln vernehmbaren Silben drang aus der Papiertüte.

Augenblicklich verstummte das Dröhnen Hunderter Gespräche zu Totenstille, und jeder Einzelne im ganzen Gebäude drehte sich nach dem merkwürdigen Geräusch um. Die Stille wurde immer bedrohlicher, und ich spürte die zunehmende Intensität ihrer Blicke: Hunderte Augenpaare verharrten auf meinem roten Gesicht. Plötzlich interessierten sich alle für meine persönlichen Angelegenheiten, entzückt über die Abwechslung und voller Hoffnung, dass ihre eigenen dunklen Geheimnisse nun, da die Beamten durch mein Unbehagen abgelenkt waren, unentdeckt bleiben würden. Ich stellte mir vor, wie all die bewaffneten Wachen ihre Waffen zückten und die Handschellen herausholten.

»Was zum Teufel war das?!«, blaffte mein Beamter, plötzlich ganz wachsam und Blut witternd. Er beugte sich über den Schalter und sah hinunter zur Tüte, die ich zu verbergen versucht hatte.

»Was war was?«, fragte ich, um etwas Zeit zu schinden.

»In der Tüte, die Sie da verstecken wollen!«

»Ach, das?«, sagte ich. »Das ist bloß ein Pinguin, und ich will überhaupt nichts verstecken!« Ich gab mein Bestes, gleichzeitig nonchalant und selbstsicher zu klingen, obwohl ich mich nicht im Geringsten danach fühlte. Der Vorfall im Bus mochte peinlich gewesen sein, doch nun war die Lage wesentlich ernster.

»Sie dürfen keine Tiere nach Argentinien einführen! Es ist ein schwerwiegender Straftatbestand, Nutztiere in dieses Land zu schmuggeln!«

Ich hatte meine Argumentation eingeübt und legte dem Zollbeamten höflich dar, dass Pinguine keinesfalls »Nutztiere« seien, sondern wilde Zugvögel, die sich entlang der Küsten von Argentinien und Uruguay bewegten, teilweise sogar bis hoch nach Brasilien, ohne dafür eine Erlaubnis zu benötigen. Der Grund dafür, dass dieser spezielle Pinguin diesen speziellen Hafen als Ort für seine Rückkehr nach Argentinien verwende, liege einzig und allein an der Verletzung, die er sich bedauerlicherweise zugezogen hätte, ein Umstand, der es nötig machte, dass er vorübergehend in meiner Gesellschaft reise. Nach seiner Genesung, erklärte ich, würde er wieder frei sein und nach eigenem Ermessen weiterziehen.

Ich redete weiter und traute mich nicht aufzuhören, vor lauter Angst, was als Nächstes kommen würde. Unter normalen Umständen käme der Pinguin nicht im Traum darauf, die Zollbeamten der Republik zu behelligen. Davon abgesehen könne ich unmöglich des Schmuggels schuldig sein, da es ein argentinischer Pinguin sei, ich täte also nichts anderes, als den Pinguin in seine Heimat zurückzuführen. (Mit diesem Satz war ich besonders zufrieden, und ich war überzeugt davon, dass er außerordentlich gut ankommen würde. Tat er natürlich nicht.)

Mit ungerührter Miene lauschte der Beamte meinen Ausführungen, ganz offensichtlich ohne meiner tadellos stringenten Argumentation folgen zu können. Sein mürrischer Gesichtsausdruck veränderte sich kein bisschen. Eiskalt durchfuhr mich der Gedanke, dass das Militärregime, das kürzlich die Macht ergriffen hatte, die Feinheiten eines *Habeas Corpus* für Pinguine womöglich nicht durchschaute, und auch, was dessen Anwendung auf Menschen anbelangte, war ich auf einmal nicht allzu optimistisch.

»Kommen Sie mal mit«, sagte er, ging zu einem Einzelraum und winkte mich mit seinem Wurstfinger unheilverheißend zu sich. Ich nahm den Rucksack und Juan Salvadors Tüte und folgte ihm mit einer schrecklichen Vorahnung. Er knallte die Tür hinter mir zu. In dem kleinen Verhörraum hing ein unangenehmer Geruch in der Luft, und kein Geräusch der Außenwelt drang durch die massiven Wände.

»Zeigen«, sagte er. Ich stellte Juan Salvador auf den Tisch und entfernte die Papiertüte. Juan Salvador blickte erst mich an, dann ihn.

»Oh! Das ist ja tatsächlich ein Pinguin!«, rief er erstaunt. Er wirkte überrascht.

»Ich habe Ihnen doch gesagt, dass es ein Pinguin ist. Pinguine sind Zugvögel und passieren den Zoll für gewöhnlich wohl nicht. Dieser argentinische Pinguin ist lediglich so lange bei mir, bis er sich von seinem Unfall erholt hat.«

Eine unbehagliche Stille breitete sich aus, während er einen Augenblick lang nachdachte und Juan Salvador und mich abwechselnd beäugte.

»Sind Sie sicher, dass es ein argentinischer Pinguin ist? Das macht natürlich einen Unterschied«, fragte er zweifelnd und bückte sich, um Juan Salvador direkt anzusehen.

»Aber ja!«, sagte ich überschwänglich. »Daran besteht nicht der geringste Zweifel. Er ist in der Nähe von Río Gallegos geschlüpft.« Das liegt ganz im Süden des argentinischen Festlands. »Sehen Sie sich die Färbung seines Gefieders an. Ich bin Pinguinexperte, müssen Sie wissen«, sagte ich und bluffte in dem festen Vertrauen darauf, dass Juan Salvador mich für diese himmelschreiende Lüge nicht anschwärzen würde.

Er sah sich den Pinguin noch einige Sekunden lang an und kraulte sich das Kinn. »Mhmmm«, machte er. Juan Salvador erwiderte seinen Blick, ohne mit dem Kopf so merkwürdig hin und her zu wackeln wie sonst, sondern feindselig von Angesicht zu Angesicht. Der Beamte blinzelte zuerst. Endlich schien er zu einem Entschluss gekommen zu sein.

»Ja … verstehe … natürlich«, sagte er.

Nachdem er hastig untersucht hatte, ob die Tür fest verschlossen war, beugte er sich über den Tisch und hielt sein Gesicht direkt vor meines.

»Haben Sie Dollars?«, zischte er leise zwischen den zu einem hässlichen Grinsen gefletschten Zähnen hindurch, während er verstohlen über seine Schulter blickte und die ganze Zeit über in einer weltbekannten Geste Daumen und Zeigefinger aneinanderrieb.

Da fiel bei mir der Groschen. Natürlich hatte ich gegen keinerlei Gesetze oder Vorschriften verstoßen, und der Vogel war ihm völlig egal. Er wollte einfach nur Schmiergeld eintreiben und dachte, er könne mir mit seinem furchteinflößenden Gebaren ein paar Kröten entlocken. Zwar hatte ich einige Dollarscheine dabei, aber ich würde ihn nicht für das Privileg bezahlen, mich um einen Pinguin kümmern zu dürfen, der mir bereits so viele Schwierigkeiten eingebrockt hatte. Außerdem hatte er seine Verhandlungsposition soeben erheblich zu meinem Vorteil geschwächt. Schachmatt! Jetzt war ich an der Reihe. Als wäre ich völlig entrüstet, trat ich einen Schritt zurück.

»Wie können Sie es wagen, Schmiergeld zu verlangen?«, fragte ich mit aller Aufgeblasenheit, zu der ich als Dreiundzwanzigjähriger fähig war. »Das werde ich den Behörden melden! Wo ist Ihr befehlshabender Offizier?« Ich wusste, dass das Androhen einer Beschwerde an das Militär so kurz nach dem Putsch eine Reaktion hervorrufen würde. Ich drehte mich um und ging zur Tür.

»Behalten Sie den Vogel, und kümmern Sie sich selbst darum!«, sagte ich mit einem Blick über die Schulter. »Er mag Sprotten. Viele Sprotten. Ach ja, und an Ihrer Stelle würde ich meine Finger lieber von seinem Schnabel fernhalten!«

Doch ehe ich die Tür erreicht hatte, ertönte ein kehliger, bedrohlicher Befehl.

»Halt! Keinen Schritt weiter, Señor!«

Hatte er seine Waffe gezogen? Hatte ich einen schrecklichen Fehler begangen und mein Glück diesmal zu sehr herausgefordert? Ich blieb wie angewurzelt stehen, dann drehte ich mich langsam um. Er hatte sich ein gutes Stück vom Pinguin auf dem Tisch entfernt und die Hände jetzt hinter dem Rücken verschränkt.

»Nehmen Sie den Vogel mit! Hier können Sie ihn nicht lassen!«, sagte er, um sogleich mit einem schmeichelnden Lächeln hinzuzufügen: »Es ist bestimmt nicht nötig, dass Sie irgendwem von der Sache erzählen, nicht wahr? Nicht wahr?«

Also holte ich Juan Salvador und verschwand in der Menge, bevor er es sich anders überlegen oder den Guano erwähnen konnte, der auf dem Tisch im Verhörraum zurückblieb.

Der nächste Teil meiner Reise – vom Hafen in die U-Bahn, zum Bahnhof an der Station Constitución und dann weiter nach Quilmes mit der FCNGR-Eisenbahnlinie – dauerte weniger als eine Stunde und verlief ohne weitere Vorkommnisse. Danach hatten wir nur noch eine fünfzehnminütige Busfahrt vor uns, und schon waren wir zu Hause.

Mit einem fröhlichen »¡Hola!« begrüßte ich die Wachen an den College-Toren und versuchte, so normal wie möglich zu klingen. Nachdem ich versprochen hatte, ihnen alles von meinen Abenteuern zu berichten, sobald ich ein Bad genommen hätte, eilte ich in der Hoffnung, unterwegs niemandem mehr über den Weg zu laufen, zu meinem Apartment.

Ach! Wie tief der Seufzer der Erleichterung war, den ich ausstieß, sobald ich meine Wohnungstür zugeworfen und Juan Salvador in der Badewanne abgesetzt hatte. Wenn man bedachte, dass er den ganzen Tag in einem Einkaufsnetz verbracht hatte, schien es ihm den Umständen entsprechend gutzugehen.

»Tja, da sind wir, willkommen zu Hause!«, sagte ich, als er

sich umsah. Doch er würdigte mich keines Blickes. »*Was ist los mit dir?*«, fragte ich.

»*Von wegen Río Gallegos! Ich bin auf den Falkland-Inseln geschlüpft, nur damit das klar ist!*«, lautete die unmissverständliche Antwort.

»*Jetzt reicht's mir aber mit dir!*«, sagte ich. »*Für heute hast du mehr als genug Ärger verursacht. ¡Basta! Und wieso musstest du beim Zoll eigentlich unbedingt krächzen? Erst blamierst du mich im Bus bis auf die Knochen, und dann werde ich deinetwegen fast festgenommen!*«

Endlich drehte er sich zu mir um und blickte mich seelenruhig und als könnte er kein Wässerchen trüben an, und ich musste einfach lachen, denn trotz alledem, komme, was wolle, hatte ich es geschafft, ihn mit mir zurück nach Argentinien zu nehmen.

»Von wegen Río Gallegos!«

FISCHE, FRISCHE FISCHE!

Kapitel 6
In dem ich vom Einkaufen mit viel mehr als geplant zurückkomme

Ich kraulte Juan Salvadors Brust, und sein vorstehendes Brustbein kam mir sehr spitz vor. Ich fragte mich, wann er zuletzt etwas gefressen hatte. Wenn ich mich beeilte, könnte ich es noch zum Markt schaffen, also nahm ich ein paar tausend Pesos aus meinem Versteck und brach nach Quilmes auf. Ich schnappte mir mein Fahrrad, pumpte die Reifen auf (was vor jeder Fahrt erledigt werden musste), und im Nullkommanichts war ich unterwegs.

In den sechs Monaten seit meiner Ankunft hatte ich gezwungenermaßen sehr schnell gelernt, wie man in einem Wirtschaftssystem mit extremer Inflation überlebt.

Bei meiner Ankunft am Ezeiza International Airport in Buenos Aires hatte mein neuer Arbeitgeber, der Direktor von St. George's, mich abgeholt und in einem der dort allgegenwärtigen Ford Falcons zum College gefahren. Auf dem Weg bombardierte er mich mit Informationen zur Geschichte, Geographie und Ökonomie Argentiniens, und so erfuhr ich unter anderem, dass ich einen Vorschuss auf meinen Lohn bekommen würde. Nachdem wir etwas gegessen hatten, nahm mich der Schatzmeister mit in sein Büro und überreichte mir anderthalb Millionen Pesos in druckfrischen, glatten Scheinen (in London von De La Rue hergestellt, wie mir auffiel). Er riet mir, noch am selben Nachmittag in die Stadt zu gehen und alles zu kaufen, was ich irgendwie gebrauchen konnte.

Bei der Grundsteinlegung des Colleges war Quilmes ein gemütlicher Vorort von Buenos Aires gewesen, doch seither hatten sich die Zeiten geändert, und die nördlichen Bezirke waren beliebter geworden. Nun verströmte Quilmes ein leicht provinzielles Vorstadtflair. Die Straßen waren dick betoniert, doch der Beton wies so viele Risse auf, dass er an Eisschollen erinnerte. Stromkabel waren völlig chaotisch zwischen den Masten verstrickt, und Gullydeckel ragten schief aus dem Straßenbelag. Wie alle argentinischen Städte war Quilmes in Blocks von Hundertmeterquadraten gebaut, und um spitze Winkel an Straßenecken zu vermeiden, waren die Eckhäuser mit fünfundvierzig Grad abgeschrägt, häufig mit einer Tür in dieser Eckfront.

In einigen Gebäuden waren offenkundig Läden untergebracht, bei anderen wiederum war es weniger eindeutig. Türen und Fenster waren aus Sicherheits- und nicht zuletzt auch aus Stabilitätsgründen fest mit Rollgittern verrammelt, was sie extrem sicher, gleichzeitig aber auch wenig einladend machte. Jeder Block verfügte über eine Art Werkstatt oder einen Schrottplatz, wo sich Haushaltsgeräte, Motorräder oder diverse andere Kleinteile aus Metall und Gummi türmten und Krimskrams aus dem düsteren Innern bis auf den Gehweg quoll. Arbeiter in dreckigen Overalls standen rauchend herum und unterhielten sich.

Wie sollte ich es anstellen, einen 100 000-Peso-Schein

auszugeben? Was war er wert? Alles für den täglichen Bedarf hatte ich im Handgepäck dabeigehabt, der Rest würde per Schiff nachkommen. Mir fiel nichts ein, was ich brauchte, und ich hatte keine Ahnung, wie ich das Geld ausgeben sollte.

Die Erkenntnis, dass ich über keinerlei praktisches Wissen verfügte, traf mich ziemlich unerwartet. Ich kannte die Preise nicht und konnte auch nicht einschätzen, was wie viel kostete. Wie viel muss man wohl für ein Bier bezahlen, wenn man fünfzehn Scheine im Gesamtwert von 1,5 Millionen Pesos in der Tasche hat? Dass ich den Wechselkurs kannte, half mir nur wenig. Industriell hergestellte Waren kosteten viel mehr als zu Hause, Dienstleistungen hingegen waren günstig. Lehrer konnten sich ohne weiteres eine Putzfrau, eine Köchin und einen Gärtner leisten, doch der Kauf eines Autos war so gut wie ausgeschlossen.

Also verbrachte ich meinen ersten Nachmittag damit, den Vorort Quilmes zu erkunden. Ich aß zu Mittag. Das war einfach: Außen am Restaurant hing eine Speisekarte mit Preisen, und danach hatte ich die Taschen voller Kleingeld. Ich kaufte Bier, Obst, Kaffee und Milch und war zum Abendessen zurück im College.

Am Abend traf ich den Schatzmeister wieder.

»Und, alles Geld ausgegeben?«, fragte er.

Nein, hatte ich nicht, gab ich zu, weil ich nicht gewusst hatte, was ich kaufen sollte. Er wurde ziemlich wütend. Ich schien eine Todsünde begangen zu haben.

Er erklärte mir, dass es nicht darauf ankam, was ich wollte: Ich müsse alles kaufen, was ich in die Finger bekam, eine Liste meiner Errungenschaften anfertigen und dann in der Schule Tauschhandel damit betreiben. Er machte mir klar, dass sich am Tag darauf der Wert des Geldes halbiert haben könnte, da die Inflation im Augenblick bei fast hundert Prozent im Monat lag.

Warum hatte er mir das nicht gleich richtig erklärt? Nicht zum ersten Mal kam mir der Gedanke, dass Kommunikation nicht gerade eine Stärke von Schatzmeistern ist.

Am nächsten Tag zog ich frühmorgens los, um das Geld zu verprassen. Nur relativ wenige Geschäfte hatten geöffnet. Diejenigen, die geöffnet hatten, änderten ständig ihre Preise. Für gewöhnlich waren die Läden geschlossen, es sei denn, der Besitzer brauchte Bargeld oder wusste schon, dass er seine Lagerbestände bald wieder auffüllen konnte.

In den Ecklädchen gingen die Verkäufer durch die Gänge und änderten die ausgeschilderten Preise nicht um drei oder fünf Cent pro Tag, sondern verdoppelten sie einfach alle paar Wochen. Wenn ein einzelner Preis zu hoch war, glich er sich von selbst wieder an, wenn die Inflation ihn in den nächsten Tagen einholte. Die Verkäufer änderten sogar die Preise von Artikeln, die bereits im Einkaufskorb lagen. Manchmal warf der Kassierer einen Blick auf den ausgewiesenen Preis und sagte: »Das kostet heute doppelt so viel!« Man konnte zustimmen, ablehnen oder versuchen zu feilschen, womit man manchmal Erfolg hatte.

Ich kaufte Jeans, die mir nicht passten, und Hemden, die ich nie tragen würde. Ich kaufte Kaffeeservices und Zahnpasta. Ich kaufte absurde Mengen billiger Bestecksets mit lackierten Bambusgriffen in scheußlichen grünen Reißverschlussmäppchen. (Eigentlich ist jedes einzelne Besteck mit lackierten Bambusgriffen in scheußlichen grünen Reißverschlussmäppchen schon absurd, und ich kaufte gleich zwölf Garnituren!) Ich kaufte Eisenwaren, rollenweise Stoff und

Filme für Kameras, die ich nicht besaß. Ich kaufte genügend Moskitospiralen für den Rest meines Lebens.

Jedenfalls schaffte ich es, beinahe all mein Geld auszugeben, und ich hatte keine Probleme damit, meine Anschaffungen später einzutauschen, sogar das hässliche Besteck wurde ich los, das (zu meiner diebischen Freude) vom Schatzmeister erworben wurde!

Bald fand ich heraus, dass ich als Ausländer Travellerschecks in US-Dollar kaufen konnte, was mir die monatlichen absurden Shopping-Trips ersparte. Eine weitere Folge der Inflation war, dass Angestellte ihre Löhne und Gehälter Mitte des Monats ausgezahlt bekamen. Das war zum Schutz der Arbeiter gesetzlich festgelegt worden. Warum, so die Argumentation, sollten Arbeitgeber in Zeiten der Hochinflation den Vorteil haben, Löhne im Nachhinein zu zahlen?

Noch besser war, dass das Urlaubsgeld am letzten Arbeitstag vor den Ferien ausgezahlt werden musste. Wir wurden also bereits Anfang Dezember für die ganzen Sommerferien bezahlt – in Argentinien ist von Dezember bis Februar Sommer. Drei Monatsgehälter im Voraus zu bekommen ist schon recht angenehm, aber als ich mir in jenem Dezember meinen Lohn im Büro abholte, waren es vier Gehälter. Als ich das beanstandete, bekam ich die Auskunft, in der Summe sei mein *aguinaldo* bereits enthalten. »Ach, natürlich!«, antwortete ich, um nicht dümmer zu erscheinen als nötig, und fragte später die anderen ausländischen Angestellten, was ein *aguinaldo* sei. Das Weihnachtsgeld, sagten sie mir.

Eva »Evita« Perón, Juan Peróns zweite Frau, die während seiner ersten Amtszeit in den Vierzigern immensen politischen Einfluss hatte, war maßgeblich an vielen finanziellen

Reformen wie dieser beteiligt, die den Arbeitern zugutekommen sollten. Kein Wunder, dass sie von ihren *descamisados* so verehrt wurde, den »Hemdlosen«, wie sie die Arbeiter in den mitreißenden Ansprachen und Rundfunksendungen nannte, mit denen sie Perón die Unterstützung der »unterdrückten« Armen sicherte. Bedauerlicherweise schadete die finanzielle Katastrophe dieser Regierung ebenjenen Arbeitern im Endeffekt wesentlich mehr, als ihnen damals bewusst war.

Während meines Aufenthalts in Argentinien fand ich die Inflation faszinierend. Einige hatten sich daran gewöhnt, mit ihr zu leben, und nutzten sie zu ihrem Vorteil, weil die Perón-Regierung die Zinssätze niedrig hielt. Hauseigentümer erklärten mir stolz, sie hätten ihre Häuser mittels einer Hypothek gekauft, die Tilgungsraten entsprächen inzwischen, nach ein paar Jahren, den Kosten von ein paar Gläsern Bier, würden einen Monat später noch einmal um die Hälfte fallen und so weiter. Mir war klar, dass es andererseits Menschen geben musste, die nicht so gut dabei wegkamen, schließlich galt die Inflation ja als Symptom einer ökonomischen Krankheit, doch es sollte noch einige Zeit vergehen, bis mir die Feinheiten bewusst wurden.

Als ich auf dem Markt ankam, war ich erleichtert, dass der Fischhändler offensichtlich keinen Engpass an Sprotten hatte, und stellte mich eilig an, denn Juan Salvadors knurrender Magen lastete mir schwer auf dem Gewissen. Vor mir wartete eine von Kopf bis Fuß schwarzgekleidete alte Frau mit dem Gesichtsausdruck und der Laune einer Bulldogge mit Zahnschmerzen. Der Preis des Tagesfangs bereitete ihr Kopfzerbrechen, und obwohl ich großes Verständnis hatte, ging mir der Pinguin nicht aus dem Sinn.

Wegen der galoppierenden Inflation war kurz zuvor entschieden worden, die argentinische Währung zu »reformieren«. Uruguay hatte eine ähnliche Maßnahme ergriffen, so dass der »neue« Uruguayische Peso nun dem Wert von 1000 alten Pesos entsprach. Da alle Preise bei Tausenden, Zehntausenden oder Hunderttausenden Pesos lagen, war eine Division durch 1000 nicht schwer – man ließ einfach die »Tausend« am Ende weg. Ein Bier, das 10 000 »alte« Pesos gekostet hatte, bekam man nach der Änderung also für 10 »neue« Pesos. Das verstand jeder, was den Übergang einfach machte.

Damit jedoch niemand auf die Idee käme, Argentinien ahme seinen winzigen nördlichen Nachbarn nach, entschied es sich für Chaos statt Vernunft. Ein neuer Peso sollte nur 100 alten Pesos entsprechen. Die ältere Dame, die zwischen mir und Juan Salvadors Sprotten stand, war nicht das einzige Opfer des heillosen Durcheinanders, das diese Entscheidung nach sich zog. Vielen Menschen fiel es schwer, die Preise durch 100 zu teilen. Das Bier, das 10 000 »alte« Argentinische Pesos gekostet hatte, kostete jetzt 100 »neue« Pesos, was nicht so einfach im Kopf auszurechnen war, vor allem, nachdem man sich an einem feuchtfröhlichen Abend schon ein paar Biere genehmigt hatte. Um das Ganze noch schlimmer zu machen, hatte jemand die glorreiche Idee gehabt, die Zahlen auf den Scheinen einfach zu überdrucken, und zwar so, dass man nun weder die alte noch die neue Zahl entziffern konnte.

Der Fischhändler gab sich redliche Mühe, die Frau davon zu überzeugen, dass die neuen Preise stimmten und er sie nicht um ihr Erspartes bringen wollte. Erschwerend kam hinzu, dass er irgendwann selbst nicht mehr durchblickte und mit den anderen Kunden in der Schlange darüber diskutierte, wie sich die alte Dame am besten überzeugen ließe. Das konnte den ganzen Abend dauern, dabei wollte ich doch dringend nach Hause und Juan Salvador füttern. Herrgott nochmal! Ich war kurz davor, meinen Frust laut herauszuschreien, konnte mich allerdings noch so weit beherrschen, nur diskret – dachte ich zumindest – auf Englisch zu flüstern: »Um Himmels willen, Schätzchen, jetzt setz deinen Arsch in Bewegung!«

Augenblicklich hörte die alte Dame auf zu sprechen, stürzte sich wutentbrannt auf mich und schlug mit ihrer schwarzen Handtasche so wild auf meine Brust ein, dass ihr das Tuch vom Kopf rutschte. Selbst als ich es aufheben wollte, drosch sie weiter auf mich ein. Dann sagte sie in äußerst gewähltem und kultiviertem Tonfall: »Junger Mann! Wie können Sie es wagen, so mit mir zu sprechen!«

Wie peinlich! Mir war, als hätte mich meine Großmutter dabei erwischt, wie ich als Zehnjähriger ein Schimpfwort benutzte, dabei hatte ich doch gar nicht unfreundlich zu ihr sein wollen.

Natürlich fiel mir die passende Antwort erst viel später ein, nämlich: »Madame, bitte entschuldigen Sie meine unverzeihliche Taktlosigkeit.« Und dann hätte ich mit einer überschwänglichen Geste darauf bestehen müssen, ihren Fisch zu bezahlen, um meinen Fauxpas wiedergutzumachen. Leider waren mir jedoch vor lauter Betretenheit alle feinen Umgangsformen abhandengekommen – also musste ich sie mir für das nächste Mal aufheben, wenn sie vor mir in der Schlange stehen und nicht in die Gänge kommen würde.

Bei meiner Rückkehr hieß mich Juan Salvador aufgeregt in der Badewanne hin und her laufend willkommen. Er war ein überaus neugieriger Vogel und reckte sich, weil er sehen wollte, was ich in der Hand hielt.

»Was ist denn da in der Einkaufstüte? Zeig mal!«

Ich stellte die Tüte mit den Sprotten ins Waschbecken, setzte mich auf den Badewannenrand, zog eine Sprotte am Schwanz aus der Tüte und wedelte ihm damit vor der Nase herum. Er schenkte ihr keine Beachtung, also stieß ich seinen Schnabel damit an und versuchte, sie vor seinen Nasenlöchern baumeln zu lassen.

»*Na los!*«, sagte ich. »*Willst du denn keine köstlichen Fische, frisch vom Markt in Quilmes? Das sind die besten Sprotten, die überhaupt für Geld zu haben sind! Zeig mal ein bisschen Dankbarkeit, du Vogel!*«

Er schloss die Augen, schüttelte sich angewidert und vergrub den Schnabel in seinem Brustgefieder, um seinen Widerwillen kundzutun.

»*Nein! Nimm das eklige schlaffe Ding da weg. Ich esse nur Fisch!*«, zeigte er mir so deutlich, als hätte er es laut ausgesprochen. Es war nicht zu übersehen, dass ihn die Sprotten nicht interessierten. Was nun? Wenn er nicht bald etwas fräße, würde das Ende nicht mehr lang auf sich warten lassen. Sollte ich ihn etwa zwangsernähren?

Ich umschloss seinen Kopf mit der Hand und zwängte ihm Zeigefinger und Daumen in die Winkel des Schnabels, damit er ihn öffnete. Hastig schob ich ihm einen Fisch hinein, hielt seinen Kopf weiter fest, damit er die Sprotte schmecken konnte, und ließ ihn dann los. Der Pinguin schüttelte heftig den Kopf, die Sprotte flog quer durchs Badezimmer und verfehlte mich nur um Haaresbreite. Hinter meinem Kopf klatschte sie an die Wand und rutschte zu Boden. Er wischte sich den Schnabel an der Brust ab, bewegte sich ansonsten aber nicht. Zumindest schien ich oder das, was ich gerade gemacht hatte, ihm keinen Schreck eingejagt zu haben. Ungerührt fing er an, sich zu putzen.

Ich ließ mich nicht von einem zweiten Versuch abhalten. Ich hielt seinen Kopf fest und schob ihm den Fisch diesmal noch tiefer in den Schnabel. Nach einem weiteren heftigen Schütteln gesellte sich der zweite Fisch zum ersten. Juan Salvador betrachtete mich eingehend.

»Gab es keinen Fisch auf dem Markt?«

»Das ist doch Fisch, Juan Salvador!«

»Nein. Fische zappeln und leben im Wasser, und sie schwimmen, aber ich kann schneller schwimmen als sie! Weißt du denn gar nichts?«

Nach all der Peinlichkeit, den Schwierigkeiten und dem Drama des letzten Tages wollte ich mich nicht so einfach geschlagen geben, deshalb versuchte ich es ein drittes Mal. Ich drückte seinen Kopf hoch, öffnete den Schnabel und steckte ihm einen dritten Fisch hinein, doch diesmal schob ich ihn tief in seinen Schlund. Ich drückte ihn mit dem Finger bis in seine Speiseröhre hinunter. Dann ließ ich seinen Kopf los und beobachtete ihn. Seine kleinen, normalerweise vorstehenden Augen waren jetzt geschlossen, und er hatte aufgehört zu atmen. Hatte ich ihm den Fisch versehentlich in die Luftröhre geschoben? Würde er an der Sprotte ersticken? Konnte man das Heimlich-Manöver auch an Pinguinen durchführen? War es möglich, an einen Fisch heranzukommen, der ihm so tief im Hals steckte? Ich massierte ihm die Speiseröhre, um ihm beim Schlucken zu helfen. Seine Augen wirkten seltsam hohl unter den Lidern, als hätte sich in seinem Kopf ein

Vakuum gebildet. Ich machte mir Sorgen. Er stand völlig still, hielt die Augen fest geschlossen. Sekunden verstrichen. Dann fing er an zu schwanken, und ich war kurz davor, den Fisch wieder herauszuziehen, als er endlich schluckte. Ich sah, wie der Fisch seinen Schlund hinunterwanderte, dann öffnete er die Augen und verhielt sich wieder normal.

Ich holte tief Luft und wischte mir den kalten Schweiß von der Stirn. Die ganze Zeit über hatte er keinen Fluchtversuch unternommen oder sich auf andere erkennbare Weise gewehrt. Jetzt stand er still und beobachtete mich, erst mit dem linken Auge, dann mit dem rechten. Langsam schien es ihm zu dämmern. Er wischte nicht mehr mit gesenktem Blick den Schnabel an seiner Brust ab, nein, mit funkelnden Augen sah er mir direkt ins Gesicht, linkes Auge, rechtes Auge. Er blickte zum Waschbecken hinüber, dann wieder zu mir und gab mir so klar und deutlich zu verstehen, als könne er sprechen:

»Ach! Das sind Sprotten in der blauweißen Plastiktüte! Warum hast du sie mir denn unter die Nase gehalten? Meinst du, unter Wasser kann man riechen? Also wirklich! Hast du noch mehr? Mann, hab ich Hunger! Hopp, hopp, los jetzt! Ich hab seit Tagen nichts gefressen, hast du das etwa vergessen?«

Ich nahm noch einen Fisch am Schwanz, hielt ihn über seinen Kopf, und schneller, als man »Juan Salvador« sagen kann, hatte er ihn mir aus der Hand geschnappt und am Stück verschlungen. Ich riss die Hand zurück, als sein Schnabel vorschnellte und sich dann mit einem geräuschvollen Klacken schloss. Was diesem Kiefer in die Quere kam, war verloren.

Einmal auf den Geschmack gekommen, hatte Juan Salvador einiges aufzuholen. Er verschlang einen Fisch nach dem anderen, so schnell ich sie ihm hinhalten konnte. Um schlucken zu können, musste er anscheinend die Augen schließen. Ich wollte sehen, was passierte, wenn ich ihm einen Fisch mit dem Schwanz nach unten anbot, doch das war keine große Herausforderung für ihn. In einer fließenden Bewegung nahm er ihn, warf ihn in die Luft, fing ihn am Kopf auf, und dann runter mit ihm, den anderen hinterher. Im Laufe der nächsten zehn Minuten verschwand die ganze Tüte Fisch in seinem Schlund, und sein Bauch wölbte sich sichtbar. Sogar die beiden Fische vom Boden fraß er. Zwischendurch rieb ich meine Finger an seinem Gefieder ab, um dieses, wie ich hoffte, wieder wasserfest zu machen.

Am Abend schloss ich die Badezimmertür und ging so hoffnungsvoll ins Bett, wie ich es nicht mehr gewesen war, seit ich ihn am Strand gefunden hatte. Am nächsten Morgen stellte ich erfreut fest, dass er in seiner Badewanne offenbar wohlauf war und Abstand vom Guano hielt, den er praktischerweise direkt neben dem Abfluss hinterlassen hatte.

»Du solltest wirklich dein Badezimmer sauber halten, meinst du nicht?«, schien sein fordernder Blick auszudrücken.

Nach dem Frühstück pumpte ich meine Reifen auf, schwang mich aufs Fahrrad und fuhr wieder zum Markt. Erfreut stellte ich fest, dass der Fischhändler noch immer jede Menge Sprotten hatte, auch wenn es ihn erstaunte, dass ich schon wieder ein Kilo davon kaufen wollte.

»Die sind für den Pinguin«, sagte ich.

»Ach, natürlich! Dass ich das nicht erraten habe! Also

kommen Sie morgen wieder?«, fragte er mit einem breiten Grinsen, das plötzlich erstarb, als ich antwortete: »Aber sicher! Ich werde ab jetzt jeden Tag Sprotten kaufen.«

Juan Salvador schaffte nur ein paar Dutzend zum Frühstück, aber jedes Mal, wenn ich ins Bad kam, fraß er noch ein paar, so dass er gegen Abend schließlich das zweite Kilo Fisch verputzt hatte und alle Sorgen um sein Wohlergehen wie weggeblasen waren. Ich hatte einen sehr ergiebigen Guanoproduzenten in meinem Bad.

TREPPAUF, TREPPAB

Kapitel 7
In dem Juan Salvador sein neues Quartier bezieht und eine Einweihungsparty gibt

Ich musste mich auf die Rückkehr der Schüler vorbereiten und hatte deshalb im College, wo die vier Mahlzeiten im Speisesaal meinen Tag strukturierten, viel zu tun. Am ersten Abend nach meiner Rückkehr fragte ich beim Essen die wenigen Kollegen, die bereits aus den Ferien zurückgekehrt waren, über das Verhalten von Pinguinen aus, unter dem Vorwand, auf meinen Reisen ein paar gesehen zu haben. Ich hoffte, der eigentliche Grund für meine Neugier wäre nicht allzu offensichtlich. Zu diesem Zeitpunkt wollte ich noch nicht verraten, dass ich einen Untermieter in meinem Apartment aufgenommen hatte.

Ich erfuhr, trotz einiger begeisterter Antworten, nichts Brauchbares, was ich mit Juan Salvadors Hilfe nicht ohnehin schon herausgefunden hätte. Auch die Bibliothek lieferte mir keine neuen Informationen, als ich dort in den Regalen nach Büchern über die lokale Fauna stöberte. Doch beruhigenderweise schien eine reine Fischdiät ausreichend für einen Pinguin zu sein.

Die Jungen waren in drei großen, dreistöckigen Gebäuden am südlichen Rand des Campus untergebracht, ungefähr siebzig pro Haus. Die Dreizehn- bis Sechzehnjährigen hatten Schlafsäle und Gemeinschaftsräume, während die Oberstufenschüler in Einzelzimmern schliefen und lernten. Jedes Wohngebäude wurde von einem Hausvater mit zwei Assistenten geleitet. Da ich alleinstehend war, belegte ich eine der Personalwohnungen, die einen Großteil des Gebäudes einnahmen, an welches sich das Quartier des Hausvaters anschloss.

Mein Apartment lag im zweiten Stock des Schulgebäudes (was in Nord- und Südamerika dem dritten Stock entspricht). Es war jedenfalls das oberste Stockwerk, und um dorthin zu gelangen, musste ich zwei Treppen hochsteigen. Neben meinem Apartment führte eine Tür zu einer Dachterrasse über den Wohnräumen des Hausvaters. Sie war ungefähr zehnmal zehn Meter groß und war von einem circa fünfundvierzig Zentimeter hohen Mäuerchen umgeben (was, wie sich herausstellte, in etwa der Größe eines Magellan-Pinguins entsprach!). Der Boden der Terrasse war gefliest und leicht geneigt, damit der Regen abfließen konnte. Sie war mit einem Tisch, Stühlen und einem Schlauch zur Reinigung ausgestattet, doch ansonsten war es dort relativ kahl. Der einzige Zugang zur Terrasse war jene Tür, und wenn diese geschlossen war, gab es keinen anderen Ausgang für einen Pinguin oder einen Menschen.

Am Tag nach unserer Rückkehr ins College ließ ich Juan Salvador auf die Terrasse, um vor dem Frühstück ein Bad zu nehmen. Bestürzt stellte ich fest, dass die Emailleschicht der Badewanne dort, wo sich Guano befunden hatte, keine glatte, glasartige Oberfläche mehr hatte, sondern rau und stellenweise wie abgeschmirgelt war. Ich war entsetzt über den Schaden und achtete aus Angst, mich zu verletzen, fortan darauf, nicht mehr in der Badewanne hin und her zu rutschen. Darüber hinaus beschloss ich, Guano nie mit bloßen Händen anzufassen oder an meine Haut zu lassen. Wenn er Emaille dermaßen schnell zersetzen konnte, wollte ich gar nicht erst wissen, welche Wirkung er auf menschliches Gewebe hätte. Welch ein Glück, dass Juan Salvador die Badewanne der Bellamys nicht beschädigt hatte!

Die Zeit war gekommen. Ich musste dem College-Personal von Juan Salvador erzählen. Es war ziemlich offensichtlich, dass er vorerst nicht tot umfallen würde; ganz im Gegenteil, er schien mit Hilfe der Sprotten vom Markt in Quilmes geradezu aufzublühen und wirkte überaus zufrieden damit, in meiner Obhut und auf meine Kosten zu leben. Er schien nicht auf der Suche nach Fluchtwegen zu sein oder sich nach der Gesellschaft anderer Pinguine zu sehnen, was meine Sorgen um sein Wohlbefinden beruhigte. Sein freundliches, begeistertes und neugieriges Verhalten war wirklich liebenswert. Seit der Sache mit dem Zollbeamten hatte er keinen Ton mehr von sich gegeben, doch ich wollte nicht darauf vertrauen, dass es immer so bliebe, und ergriff deshalb selbst die Initiative, bevor ihn jemand entdeckte. Ich wollte nicht, dass es so aussah, als versteckte ich den Pinguin oder hätte ein schlechtes Gewissen dabei, ihn im College zu halten.

Nach dem Frühstück ging ich ins Nähzimmer, auf der Suche nach der Person, die ich für meine wichtigste potentielle Verbündete hielt.

»Maria, ich brauche Ihre Hilfe«, sagte ich nach dem üblichen Austausch von Höflichkeiten am Anfang eines neuen Trimesters.

»*Por supuesto, señor,* wie kann ich Ihnen helfen?«

»Maria, ich habe einen verletzten Pinguin gefunden und mich gefragt, ob Sie vielleicht –«, setzte ich an.

»Sie haben einen Pinguin gefunden?! Hier im College?«

»Hätten Sie vielleicht einen Moment Zeit?«

Maria war die Haushälterin im College, zuständig fürs Putzen und die Wäsche. Sie arbeitete im St. George's, seit sie dreizehn Jahre alt war, und hatte inzwischen die siebzig überschritten. Die Wäsche wurde per Hand gemacht, von Frauen jeden Alters, die in der Nachbarschaft wohnten und täglich ins Haus kamen. Marias Verantwortungsbereich hatte sich über die Jahre ausgeweitet, bis sie schließlich die Älteste war und mit dem Posten als Haushälterin belohnt wurde. Sie hatte die Aufsicht über alle Putzfrauen und Wäschereiangestellten. Leute wie Maria konnten keine Pension erwarten, so dass sie arbeiten musste, bis sie entweder tot umfiel oder zu schwach wurde; wenn Letzteres eintraf, wäre sie auf jemandes Barmherzigkeit angewiesen. Sie würde niemals in Rente gehen können, da ihr Erspartes niemals an Wert gewann.

Durch Menschen wie Maria erfuhr ich mehr über die Verlierer einer inflationären Wirtschaft. Die Armen, die *descamisados*, wurden mit Geld entlohnt, das rasend schnell an Wert verlor, wodurch sie mit leeren Händen dastanden. Nutznießer waren die »Reichen«, da ihr Vermögen durch die Arbeit, die sie mit wertlosem Geld bezahlten, konstant blieb oder sogar an Wert gewann. Die Inflation verschob offensichtlich enorme Reichtümer von den armen Massen zu den wenigen Reichen. Im Endeffekt waren es Maria und Tausende von »Hemdlosen« wie sie, die in Wahrheit für die schicken Häuser in den Vororten von Buenos Aires bezahlten.

Meine verblüffende Enthüllung hatte Marias Neugier geweckt. Augenblicklich legte sie ihre Arbeit nieder und folgte mir zu meinem Apartment.

Maria war nur etwas über einen Meter fünfzig groß, hatte eine enorme Oberweite, starke Arthritis und schiefe Zehen sowie die ausgeprägtesten O-Beine, die man sich vorstellen kann. Und während ihr aufgrund dessen jedes Schwein durch die Beine entwischt wäre, kam sie im College glücklicherweise selten in die Verlegenheit, welche fangen zu müssen.

Während wir uns in Marias Tempo fortbewegten, erzählte ich ihr von den Abenteuern, die ich in den Ferien erlebt hatte. Sie litt schon lange an Knieproblemen, die sie durch einen Watschelgang ausglich (der dem eines Pinguins nicht unähnlich war). Langsam erklomm sie die Treppe, zog sich am Geländer hoch und schnaufte nach jeder Stufe, doch ihr Lächeln, als sie den Gipfel erreicht hatte, war so warm wie die Sonne. Die Freude über das, was sie noch konnte, wog mehr als der Kummer über das, was sie nicht mehr konnte. Ich kann mich nicht erinnern, dass sie in all der Zeit, die ich sie kannte, je über ihr Los geklagt hätte, und ich liebte Maria wie meine eigene Großmutter.

»Santa Maria«, wie sie genannt wurde, war nie etwas zu viel, denn sie hatte so ein gutes Herz, wie ich es bei niemand anderem je erlebt habe. Sie liebte die Jungen und bemutterte sie, worauf diese zu mehr oder weniger gleichen Teilen dankbar, amüsiert und genervt reagierten. Und auch die jungen Lehrer bemutterte sie. Während eines Streiks in der Wäscherei mussten die Jungen ihre Wäsche selbst waschen, und ich konnte Maria nur mit Mühe davon abhalten, mir meine Wäsche höchstpersönlich abzunehmen. Nach zwei oder drei Wochen hatten sich die Wäschereifrauen eine Lohnerhöhung erstritten – hauptsächlich weil einige der Mütter den Gedanken an ihre armen Sechzehnjährigen, die ihre Unterhosen selbst wuschen (oder vermutlich nicht wuschen), so schrecklich fanden, dass sie Protestbriefe schrieben und alles auf eine wunderbar pragmatische argentinische Weise wieder zur Normalität zurückkehrte.

Als ich die Terrassentür öffnete, blickte Juan Salvador sofort zu uns herüber, und genau wie ich es vorhergesehen hatte, gelang es ihm innerhalb von höchstens zwei Sekunden, Marias Herz zum Schmelzen zu bringen. Vorsichtig ging sie die beiden Stufen hinunter, er kam auf sie zugelaufen und sah ihr ins Gesicht. Als ich ihr von dem Öl und Teer erzählte, war sie so besorgt, dass sie natürlich auch Juan Salvador bemuttern wollte. Und der konnte einige Bemutterung vertragen, wie wir schnell herausfanden! Sie setzte sich auf die Mauer und zeichnete mit den Fingern sanft die Konturen seiner Schultern nach.

Ich fragte Maria, ob sie ihm vielleicht sein Frühstück geben wollte, und das wollte sie natürlich. Nach jedem Fisch schüttelte er den Kopf, schlug aufgeregt mit den Flügeln und wedelte voller Vorfreude mit dem Schwanz. Der meisterhafte Fischer hatte eine neue Verehrerin am Haken, die ganz vernarrt in ihn war. Von da an brachte Maria ihm häufig Leckerbissen auf die Terrasse, und die beiden unterhielten sich über Gott und die Welt.

Ich setzte meine kleine Enthüllungsrunde fort, indem ich den Direktor aufsuchte und ihn über den vorübergehenden Aufenthalt eines Pinguins auf meiner Terrasse in Kenntnis setzte. Ich versicherte ihm, ich würde das Tier an meinem nächsten freien Tag in den Zoo von Buenos Aires bringen, vorausgesetzt, dass er sich bis dahin ausreichend erholt hatte, und dasselbe sagte ich auch Richard, dem Hausvater. Darauf folgte ein kontinuierlicher Besucherstrom, den Juan Salvador und ich im Laufe des Tages empfingen.

Beim Abendessen in der Mensa erzählte ich die Geschichte von meiner Begegnung mit dem Pinguin in Punta del Este und erklärte, wieso der Vogel nun auf meiner Terrasse lebte.

Entzückt lauschten meine Kollegen meinen Ausführungen über seine Rettung und Reinigung, doch als ich seinen Namen verriet, unterbrach mich George: »Nein, nein, du musst ihn Juan Salvado nennen – ›Juan, der Gerettete!‹« Unisono stimmten die anderen zu, dass dies ein angemessenerer Name war als Juan Salvador (Juan, der Retter). So kam es, dass er von engen Freunden Juan Salvado genannt wurde und den Namen Juan Salvador nur für förmliche Anlässe benutzte.

Natürlich wollten auch die Lehrer ihn sehen, so dass meine Kollegen mich nach dem Essen auf die Terrasse begleiteten, wo ich sie Juan Salvado vorstellte. Sie saßen auf Stühlen und dem Mäuerchen, und während der Portwein zum jeweils linken Sitznachbarn wanderte, wanderte die Tüte mit den Sprotten in die entgegengesetzte Richtung. Juan Salvado bezauberte die Gäste, indem er zu jedem lief, der ihm zu seiner Freude einen Fisch hinhielt. Je voller sein Bauch wurde, desto langsamer fraß er, doch es war offensichtlich, dass er die Gesellschaft genoss. Mit seiner Aktivität ließ auch die Aufmerksamkeit meiner Kollegen nach, und allmählich wandten sie sich anderen bedeutsamen Themen zu (wie den angeblichen Eskapaden junger Wehrpflichtiger, die mit Maschinengewehren herumfuchtelten, oder den Chancen des Quilmes FC im Cup).

Bei dieser Gelegenheit fiel mir zum ersten Mal auf, wie entspannt Juan Salvado in der Gesellschaft von Menschen war. Er schien in keiner Weise von ihrer Größe eingeschüchtert oder gehemmt zu sein. Jeder Besucher auf seiner Terrasse wurde herzlich und, soweit ich es beurteilen konnte, mit dem aufrichtigen Wunsch, Freundschaft zu schließen, begrüßt. Nein, das ist noch untertrieben – er war richtiggehend verzückt, wenn Besuch kam. Als Gast fühlte man sich, als wäre man nach einer langen, anstrengenden Reise bei einem alten Freund angekommen. Juan Salvado besaß den Charme eines altklugen Kindes, aber anders als bei altklugen Kindern ließ sein Charme nicht nach, kein bisschen. Vielleicht entsprach sein Verhalten eher dem eines perfekten Gastgebers bei einem großen Bankett: Seine Exzellenz Don Juan Salvador de Pingüino. Geistreich, kultiviert und makellos gekleidet mit Frack und weißer Krawatte, mit einer Selbstsicherheit, die seiner noblen Abstammung, erstklassigen Ausbildung und großen Erfahrung geschuldet war, schlenderte Seine Exzellenz von einem Gast zum anderen. Sobald er sich näherte, wurden die Gespräche unterbrochen, um alle Aufmerksamkeit ihm zu widmen. Dann vermittelte er jedem einzelnen Besucher das Gefühl, er suche allein dessen geschätzte Gesellschaft, und nur die unerbittlichen Gesetze der Etikette verpflichteten ihn dazu, auch mit seinen anderen Gästen zu sprechen. Und so kam es, dass es zwar eigentlich die Menschen waren, die Juan Salvado mit Fisch fütterten, im übertragenen Sinne jedoch alle ihm aus der Hand fraßen.

An jenem Abend hatte der Pinguin neben mir gestanden, seine Blicke über die Besucher schweifen lassen und sich vermutlich gerade gefragt, ob in seinem Bauch nicht vielleicht noch Platz für eine letzte Sprotte war, als ich bemerkte, dass seine Augen flatterten und sein Kopf nach vorn kippte. Kurz darauf schlief er tief und fest, im Stehen, leicht an mich gelehnt, gesättigt und offensichtlich völlig mit der Welt im Reinen.

Der darauffolgende Tag war der letzte vor der Rückkehr der Schüler, und da die Zeit es zuließ und er kein blinder Passagier mehr war, beschloss ich herauszufinden, wie mein neuer Compadre einen kleinen Spaziergang vertragen würde, da die beengte Terrasse kaum Bewegung zuließ.

Das Schulgelände war ziemlich weitläufig. Es gab viele große, von gewaltigen Eukalyptusbäumen gesäumte Sportplätze. Doch einige Orte waren ruhig, mit dichterer Vegetation. Sie glichen eher einem schattigen Plätzchen im heimischen Garten. Ich trug Juan Salvado hinaus auf den Rasen, wo wir gemächlich unter den Eukalyptusbäumen entlangschlenderten. Juan Salvado folgte mir auf dem Fuße und entfernte sich nicht weiter als ein, zwei Meter, genau wie er es am Strand in Uruguay getan hatte. Mit wachsender Zuversicht ging ich schneller, und der Pinguin rannte mit Höchstgeschwindigkeit hinter mir her, um Schritt zu halten. Beim Rennen breiten Pinguine ihre Flügel aus und lassen den ganzen Körper rotieren, um aus jedem Schritt die maximale Distanz herauszuholen; kaum jemand kann sich bei diesem Anblick das Lachen verkneifen. Die meiste Zeit jedoch ging ich ohne Eile und beobachtete sein Verhalten genau. Obwohl Juan Salvado das Gras und die Blätter und Zweige auf dem Boden untersuchte, entfernte er sich nie weit von mir. Unterwegs begegneten wir mehreren College-Angestellten, denen ich meinen neuen Freund vorstellte. Obgleich niemand offen Kritik äußerte, meinte ich zu spüren, dass ich für leicht exzentrisch gehalten wurde, aber vermutlich reagierte ich überempfindlich. Juan Salvado war der lebende Beweis dafür, dass mein Eingreifen am Strand in Uruguay das Beste war, was ich hatte tun können.

Unser erster Spaziergang über das Schulgelände muss

etwa eine Meile lang gewesen sein, und ich achtete besorgt auf Anzeichen von Müdigkeit oder andere Hinweise, die »*Trag mich!*« ausdrücken sollten, doch es kamen keine. Zunächst überraschte mich das, doch als ich darüber nachdachte, fiel mir ein, dass Pinguine genügend Ausdauer haben, um jährlich Tausende Meilen weit zu ziehen, und somit wesentlich weitere Strecken zurücklegen als Menschen, so dass ein kleiner Spaziergang um das Rugbyfeld wohl kaum eine Herausforderung darstellte.

Damals endete die Calle Guido – die befestigte Straße aus Quilmes – vor den Toren des Colleges. Von da an wurde sie zu einem holprigen Feldweg, der noch anderthalb Meilen weiter zum Fluss hinunterführte. Das Land links und rechts des Weges gehörte zum College, und in nördlicher Richtung standen im flachen, offenen Gelände neben den Rugbyfeldern überall wunderschöne Jacaranda-Bäume.

In Zentral- und Südamerika wachsen viele Jacaranda-Arten, und alle, die ich gesehen habe, sahen wunderschön aus. Einige sind klein und erreichen nur die Höhe von Büschen, während andere zu großen Bäumen werden. Die Art, die um die Rugbyfelder herum gepflanzt worden war, maß vielleicht zwölf Meter. Die Bäume waren sorgfältig in Form gebracht worden und bildeten eine langgestreckte Hecke, die den größtmöglichen Halbschatten spendete, so breit, wie die Bäume hoch waren. Dort fanden sowohl Zuschauer als auch Spieler Schutz vor der Sonne. Im Frühling trugen die Jacarandas über die gesamte Baumkrone verteilt üppige Rispen atemberaubend leuchtender veilchenblauer Blüten in Trompetenform – ihr kräftiges, auffälliges Blau stellte sogar an perfekten, wolkenlosen Tagen den Himmel in den Schatten. In dieser Jahreszeit trat das blassgrüne, filigrane Laub, das einen sehr angenehmen Kontrast zu der sehr dunklen, harten und tiefzerfurchten Baumrinde bildete, völlig hinter den Blüten zurück. Doch die zarten Blätter blieben den ganzen Sommer über schön, wenn die Blüten schon längst verwelkt waren. Gegen Herbst bildeten sich dann die Früchte, kleine, goldgelbe, traubenartige Büschel, die im Abendlicht geradezu leuchteten und noch lange, nachdem die Blätter heruntergefallen waren, an den Bäumen hingen. Für mich sind die Jacarandas die schönsten Bäume der Welt, und als der Pinguin unter ihnen entlangging, gab das ein unvergessliches Bild ab.

Auf den rund zwanzig Hektar südlich des Feldwegs befanden sich alle College-Gebäude sowie weitere Sportplätze. Inzwischen hat die unaufhaltsame Ausbreitung der Stadt dafür gesorgt, dass die Schule vollständig eingekreist ist, doch damals konnte man zwischen den hohen Maschendrahtzäunen entlanggehen, die auf beiden Seiten des Weges den Campus umgaben, wo man die Dornenbüsche wachsen ließ, und dem Weg durch verwahrlostes Gestrüpp hindurch an ein paar verstreuten Behausungen vorbei bis zum Río de la Plata folgen; ein gut halbstündiger Fußmarsch, der allerdings wesentlich länger dauerte, wenn man einen Pinguin dabeihatte.

Die Behausungen zwischen College und Fluss waren kaum mehr als Hütten, doch sie waren komplexer als die Baracken in den Elendsvierteln. Sie waren aus Steinen und Holz errichtet worden, das die Bewohner in der Gegend »geborgen« hatten. Ihre Häuschen waren nicht an die Wasser- und Stromversorgung angeschlossen, so dass sie und ihre Familien ohne Elektrizität, fließend Wasser oder Abwassersysteme leben mussten. Sie bauten ein paar Feldfrüchte auf kleinen Stückchen Land an, hielten Hühner und Schweine und verdienten sich mit Gelegenheitsjobs in der Stadt etwas dazu. Das College beschäftigte einige dieser Einheimischen in der Küche, der Wäscherei, als Reinigungskräfte und Hausmeister.

Ich machte häufig Abendspaziergänge zum Fluss, und nachdem ich ein Interesse für Pinguine entwickelt hatte, fragte ich die Leute, die dort lebten, ob sie am Fluss je solche Vögel wie Juan Salvado gesehen hatten. »Nein, noch nie«, lautete die einhellige Antwort. Die Sprotten und mit ihnen auch die Pinguine, die sich von ihnen ernährten, blieben weit draußen im Meer, um den enormen Süßwasserzufluss durch den Río de la Plata zu umgehen. Daher mussten die Pinguine rund zweihundert Meilen durchs offene Meer schwimmen, um von der argentinischen Küste nach Uruguay zu gelangen. Je mehr ich über Pinguine erfuhr, desto erstaunlicher und faszinierender fand ich sie.

Der Río de la Plata ist riesig, so breit wie der Ärmelkanal. Stellen Sie sich vor, Sie blicken von Dover aus gen Süden; die Temperatur liegt bei 30° Celsius, das Wasser ist warm, trüb und brackig, die Vegetation subtropisch, und die Sonne bewegt sich verkehrtherum über den Himmel. (Auf der südlichen Erdhalbkugel bewegt sich die Sonne gegen den Uhrzeigersinn.) Jetzt können Sie sich ungefähr vorstellen, wie es war, am Ende des Feldwegs am Río de la Plata zu stehen.

Obgleich es nicht gerade die beste Gegend war, durften die College-Jungen allein zum Fluss hinunterstreunen oder in die Stadt gehen. Heute, da die Bürgerfreiheiten derart beschnitten sind, wie es damals unvorstellbar gewesen wäre, erscheint mir diese Zeit im Rückblick wie ein Goldenes Zeitalter der persönlichen Freiheit, obwohl die politische Lage an Anarchie grenzte. Einige der Schüler stammten aus den reichsten und einflussreichsten Familien des Kontinents und konnten sich trotzdem relativ frei in der Gegend bewegen – dem *bajo*, wie man diesen Bereich nannte – und sich unter die Bewohner, die zu den Ärmsten der Armen gehörten, mischen. Bei den Lehrerkonferenzen wurde über die Schutzlosigkeit der Jungen gesprochen, doch abgesehen von bewaffneten Wachmännern an den Toren und einfachem Maschendrahtzaun um das Gelände waren glücklicherweise keine weiteren Sicherheitsmaßnahmen nötig.

Als wir nach Juan Salvados Campusführung das Schulgebäude erreichten, ging ich die beiden Stufen vor der Eingangstür hinauf. Der Pinguin hingegen stieß gegen die erste Stufe, als hätte er das Hindernis nicht gesehen. Er prallte zurück und saß auf dem Hintern. Ich hob ihn hoch und trug ihn hinein. Er ließ sich immer gern tragen und versuchte nie, sich loszumachen. Hinter der Eingangstür setzte ich ihn wieder ab.

Mein Apartment befand sich am Ende einer breiten Treppe aus Massivholz. Ich machte mich an den Aufstieg, hielt inne und drehte mich um. Was würde er nun tun? Wieder prallte er gegen die unterste Stufe, doch diesmal studierte er das Hindernis eingehend, erst mit dem einen Auge, dann mit dem anderen, bis ihm auf einmal ein Licht aufzugehen schien. Ohne viel Aufhebens näherte er sich der Stufe, hüpfte hoch und landete bäuchlings auf der nächsten Stufe, wobei er sich den Kopf an der übernächsten stieß. Unbeirrt rappelte er sich auf und sprang auf die nächste Stufe. Diesmal landete er mit dem Bauch diagonal auf der nächsten Stufe, damit sein ganzer Körper darauf Platz fand und er sich nicht den Kopf stieß. Sofort wiederholte er die Prozedur, landete entgegengesetzt diagonal und folgte mir auf diese Art und Weise im Zickzackkurs die Treppe hinauf. Ich ging ein Stück weiter hoch, und er folgte mir.

Höchst beeindruckt von Juan Salvados Cleverness wollte ich natürlich auch sehen, wie er den Abstieg meistern würde, also rannte ich die Treppe wieder hinunter. Ohne zu zögern, ließ er sich auf den Bauch plumpsen, rutschte rumms, rumms, rumms in hohem Tempo die Stufen hinunter und landete bäuchlings auf dem polierten Marmorboden am Fuß der Treppe. Schlitternd kam er zum Stillstand und richtete sich wieder auf. Obgleich er nie der schnellste Treppensteiger wurde, kam er schneller als jeder andere wieder hinunter, ohne sich von den zwei scharfen Kurven in der Treppenkonstruktion beirren zu lassen. Später sollte ich herausfinden, dass die Jungen ohne mein Wissen Rennen gegen den Vogel veranstalteten, die er jedes Mal gewann! Als ich von diesen Wettbewerben hörte, gefror mir das Blut in den Adern, und ich verbot sie rigoros, aus Angst, ein Junge könne bei dem Versuch, fünf Stufen auf einmal zu nehmen, aus Versehen auf dem Pinguin landen und nicht nur diesen zu Tode quetschen, sondern sich obendrein selbst das Genick brechen, wenn der reglose Tierkörper ihm unter den Füßen wegrutschte und er die restliche Treppe hinunterstürzte. Allein beim Gedanken daran wurde mir ganz anders. Doch während ich mich auf das kommende Trimester vorbereitete, hatte ich noch keine Ahnung, welches Ausmaß die Späße der Jungen mit dem Seevogel annehmen würden.

»Seine Exzellenz Don Juan Salvador de Pingüino«

NEUE
FREUNDE

Kapitel 8
In dem die Schüler bei ihrer Rückkehr einen überraschenden Gast vorfinden

Ich glaube, es gibt ein ganz bestimmtes Putzmittel, das nur in Schulen verwendet wird, und dieser Geruch hing in der Luft, als das Stimmengewirr der Schüler die Stille der schlummernden Wohngebäude durchbrach. Das Fußgetrappel und das Poltern, wenn ausgebeulte Koffer voller Schuluniformen und Sportzeug von ihren Besitzern kurzerhand an die Fußenden ihrer Betten gewuchtet wurden, läuteten den wahren Beginn eines neuen, siebzehnwöchigen Trimesters ein. Das College erwachte wieder zum Leben. Diesen Frühling war ich froh, die Jungen zurückkehren zu sehen. Es zeichnete sich deutlich ab, dass Juan Salvado Gesellschaft liebte, und bei mehr als dreihundert Schülern auf dem Campus würde es ihm sicher nie an Freunden mangeln.

Im College wohnten während des Trimesters nicht nur die Schüler, sondern auch ein Großteil des Kollegiums mit ihren Familien sowie die Schwestern der Krankenstation, und in dieser engen Gemeinschaft kannte jeder jeden beim Namen. Jede Klasse in St. George's hatte etwa fünfzehn Schüler, und ebenso viele schliefen jeweils in den Schlafsälen; die Mensa bot Platz für die gesamte Schülerschaft und wurde drei- bis viermal am Tag benutzt; der Koch Jorge wusste, wie man den argentinischen Appetit dieser jungen Armee stillte. Auch die

Kapelle war groß genug für alle, und wir trafen uns dort fast genauso oft und waren ähnlich begeistert, wenn uns der Kaplan mit geistlicher Nahrung versorgte.

Ich stand oben an der Treppe, regelte den Verkehr und fragte mich, wie lange es dauern würde, bis einer der Jungen einen Blick durch die Glastür auf die Terrasse werfen würde. Ich musste nicht lang warten. Ein intelligenter Junge mit pechschwarzem Strubbelkopf und offenem Lächeln schlenderte Richtung Terrasse und sah, natürlich erfüllt von den gemischten Gefühlen, die alle am Anfang eines neuen Trimesters hatten, hinaus über die Sportplätze Richtung Fluss. Er kam aus Peru, doch sein Großvater war ein russischer Emigrant gewesen.

Es dauerte nur ein paar Sekunden, bis etwas ganz in der Nähe seine Aufmerksamkeit weckte.

»Da draußen ist ein Pinguin!«, sagte er leise. Er wandte den Blick ab, dann sah er wieder hin, die Nase fast an der Glasscheibe. Als er den Kopf drehte, entdeckte er mich und wiederholte: »Da draußen ist ein Pinguin!«

»Der macht wohl eine Pause auf dem Weg in sein Winterquartier im Norden«, sagte ich. Ich mochte dieses pädagogische Mittel – durch unwahre Aussagen provozierte ich die Schüler dazu, eigene Überlegungen anzustellen.

Igor runzelte die Stirn und blickte erneut auf die Terrasse, wirbelte wieder herum, doch das Wort »Nein!« erstarb ihm auf den Lippen, als er meinen Gesichtsausdruck sah. Dann grinste er ebenfalls – er hatte den Witz verstanden. »Darf ich mal rausgehen?«

»Wenn du ganz ruhig und behutsam bist, gern.«

Vorsichtig öffnete er die Tür und ging auf die Terrasse. Ich folgte ihm mit Blicken. Juan Salvado schlug zur Begrüßung mit den Flügeln, als Igor zu ihm herüberkam und sich bückte, um ihm den Kopf zu streicheln. Der Pinguin duckte sich weg, doch kurz darauf forderte er den Jungen heraus und versuchte, seine Aufmerksamkeit zu erlangen. Igor sah mich an: »Kann ich es den anderen erzählen?«, fragte er.

Die Nachricht, dass ein Pinguin auf der Terrasse lebte, verbreitete sich wie ein Lauffeuer im Schulgebäude, woraufhin eine ganze Meute von Jungen aufgeregt vor der Terrassentür drängelte, um herauszufinden, was an diesem Gerücht dran war. Zuerst ließ ich nur eine begrenzte Anzahl von Jungen gleichzeitig nach draußen, weil ich befürchtete, Juan Salvado könnte von zu viel Aufmerksamkeit überfordert sein, doch schon bald fanden wir heraus, dass es für diesen speziellen Pinguin offenbar keine Obergrenze gab, was die Anzahl seiner Bewunderer anging.

Die Jungen waren begeistert davon, dass sie ihn füttern durften, und bald fand ich vor allem unter den Jüngeren Freiwillige, die Juan Salvado fütterten, regelmäßig die Terrasse schrubbten und täglich Fisch auf dem Markt besorgten. Verantwortung fördert oft das Beste in Jugendlichen zutage, und die Schar eifriger Helfer, die bereit waren, das »Beste« aus sich herausholen zu lassen, indem sie sich um Juan Salvado kümmerten, riss nie ab.

Will man die Bedeutung des Worts »gesellig« wirklich verstehen, braucht man nur Pinguine in ihrer natürlichen Lebenswelt zu beobachten. Menschen können durchaus als gesellig bezeichnet werden, doch Pinguine drängen sich zu Tausenden zusammen, offenbar ohne jeden Anspruch auf individuellen Freiraum. Wenn man das im Hinterkopf hat, spiegelt der englische Internatsalltag (oder der südamerikanische) das Leben in einer Pinguinkolonie genauer als jede andere Form menschlichen Zusammenlebens wider.

Frühmorgens nach dem Aufstehen verließen ganze Schülerströme die Wohngebäude Richtung Speisesaal, um zu frühstücken. Danach flossen sie zurück, holten ihre Sachen für die ersten Unterrichtsstunden, und schon fluteten sie die Kapelle und ihre Klassenräume. In der ersten Pause am Vormittag lief der Strom zurück in die Gebäude, um Bücher und Materialien für die nächsten Stunden auszutauschen. Zur Mittagszeit kamen sie wieder und verstauten ihre Sachen in den Schließfächern, ehe sie auf dem Weg in den Speisesaal wieder herausströmten. Wenn sie ihren Hunger gestillt hatten, rauschten sie zu einer Siesta wieder in die Schlafsäle zurück. Erfrischt quoll der Strom danach wieder hervor, um an Spielen und Sportaktivitäten verschiedenster Art teilzunehmen. Zurück in ihren jeweiligen Häusern, duschten sie dann und holten erneut ihre Bücher, jetzt hungrig nach den Perlen der Weisheit, die während der letzten Unterrichtsstunden des Tages von den Lippen meiner Kollegen fielen. Dann kamen sie zurück, legten ihre Bücher ab und gingen zur letzten Mahlzeit des Tages in den Speisesaal. Schließlich kehrten sie in ihre Zimmer und Gemeinschaftsräume zurück, um ihre Hausaufgaben zu machen. Danach ging es in den Wohngebäuden laut und geschäftig zu, wenn die Jungen ihre wenigen freien Stunden des Tages genossen, bevor sie abermals duschten und ins Bett gingen. So sah der Internatsalltag aus.

Es war also ein einziges Kommen und Gehen von Jugendlichen, sehr zur Freude eines gewissen Pinguins. Jedes Mal, wenn er die Jungen vorbeigehen hörte, rannte Juan Salvado aufgeregt auf seiner Terrasse hin und her und reckte neugierig den Kopf, und eigentlich gingen immer ein paar Jungen zu ihm hinaus, plauderten mit ihm oder fütterten ihn mit Fisch.

Obwohl die Freizeit im Internat sehr begrenzt ist, nahm sich fast immer ein engagierter Junge zwischen Ende der Sporteinheit und Beginn des Nachmittagsunterrichts zwanzig Minuten Zeit, und so gingen mir nie die Freiwilligen aus, die für Juan Salvado Sprotten auf dem Markt kaufen gingen. Nach den ersten paar Tagen hatte sich Juan Salvados Bedarf auf ein halbes Kilo Fisch täglich reduziert, so dass es möglich war, mit nur drei wöchentlichen Ausflügen zum Fischhändler immer einen ordentlichen Vorrat im Kühlschrank zu haben. Die Belohnung für den Markteinkauf war das Privileg, Juan Salvado füttern und seine Terrasse schrubben zu dürfen.

Für gewöhnlich hockten die Jungen in Grüppchen von bis zu sechs auf der Brüstung der Dachterrasse und fütterten ihren neuen Freund. Zu Beginn der Mahlzeit schnappte und schluckte Juan Salvado den Fisch so schnell, wie sein Fütterer Nachschub aus der Tüte nehmen konnte, und zeigte dabei wenig Respekt vor den Fingern der Unaufmerksamen oder Ungeübten. (Ich sollte an dieser Stelle anmerken, dass niemand durch Juan Salvados Gier nach Fisch dauerhafte Schäden davongetragen hat.) Gegen Ende der Fütterung jedoch wurde er langsamer, und das Schlucken fiel ihm schwerer. Aufmerksame Wohltäter merkten, wenn Juan Salvado satt war, und hörten mit dem Füttern auf, doch gelegentlich fütterten ihn die Schuljungen, sobald ihre Finger nicht mehr Gefahr liefen, amputiert zu werden, ins Gespräch mit den anderen vertieft weiter, bis er nichts mehr runterbekam und ihm ein Fischschwanz aus dem Schnabel ragte.

Gesättigt und vollauf zufrieden stand Juan Salvado dann inmitten der kleinen Jungsgruppe, blickte liebevoll zu ihnen auf und saugte jedes ihrer Worte auf. Dann, von der Enge seines Fracks und der Wärme der späten Nachmittagssonne übermannt, wurde er müde und schlief ein, an die praktischen senkrechten Beine der Jungen gelehnt. Und so verharrte er, bis sie gingen. Die Umsichtigen unter ihnen legten ihn behutsam auf seinen dicken Bauch, auf dem er wie ein Kind ohne einen Mucks weiterschlief. Die weniger Rücksichtsvollen sprangen einfach auf und liefen los, wenn sie plötzlich gemerkt hatten, dass sie schon zu spät für die nächste Stunde waren, und ließen Juan Salvado einfach umkippen. In solchen Fällen schüttelte er schlicht den Kopf wie ein nachsichtiger Großvater, machte es sich bequem und setzte sein Nachmittagsschläfchen fort. So war das Leben des Pinguins Juan Salvado, einfach weiterschlummern, während wir anderen uns wieder an die Arbeit machten.

EIN
GLÜCKLICHER FUND

Kapitel 9
In dem ich etwas Kostbares opfere

Eines Nachmittags, kurz nachdem Juan Salvado meine Terrasse bezogen hatte, war ich gerade in meiner Wohnung, als ich aufgeregte Stimmen hörte. Sie gehörten wohl zu einer Gruppe von Jungen, die auf das Haus zukam, doch ihre ungewöhnliche Erregtheit konnte ich mir nicht erklären. Ich war mit dem Radio und einem ellenlangen Antennenkabel beschäftigt, das ich bei dem vergeblichen Versuch, Nachrichten von zu Hause auf BBC World Service zu empfangen, quer durch den Raum gezogen hatte. Normalerweise war das um diese Tageszeit verlorene Liebesmüh, doch gelegentlich wurden meine Anstrengungen mit dem heimischen Klang britischer Nachrichtensprecher belohnt, der knisternd durch die Ionosphäre drang.

Das Grüppchen erreichte das Haus und kam die Stufen herauf. Ich hörte die Eingangstür auf- und zugehen und die Stimmen allmählich lauter werden, während die Gruppe die Treppe heraufkam und schließlich vor meinem Apartment anhielt. Das Radio hatte mich enttäuscht, und da ich neugierig war, wartete ich das Klopfen nicht ab und sah nach. Vor der Tür stand ein Junge mit triumphierendem Gesichtsausdruck und dem Grund für sein Hochgefühl, einer großen, alten, verzinkten Eisenwanne, in den Händen. Sie war oval, etwa einen Meter mal sechzig Zentimeter groß und zwanzig Zentimeter tief und hatte Henkel an beiden Schmalseiten.

»Cortés«, sagte ich voller Bewunderung, »das ist ja genial! Wo hast du die geklaut, doch nicht etwa aus dem Garten einer armen alten Dame?«

»Ich hab gar nichts geklaut!«, entgegnete er empört.

»Ach, das war doch nur ein Scherz«, sagte ich. »Aber du bist trotzdem genial. Wo hast du die her?«

Das strahlende Lächeln kehrte in sein Gesicht zurück. »Als ich zu Fuß aus der Stadt zurückkam, hab ich sie zwischen anderem Gerümpel vor einer Werkstatt entdeckt. Ich hab gefragt, wie viel sie dafür haben wollten, aber sie meinten, wenn ich sie da rauskriege, kann ich sie so mitnehmen.«

»Und die Wachmänner am Tor haben dich nicht aufgehalten?«, fragte ich. Sie hatten klare Anweisungen, die Jungen nicht mit Schrott aufs Gelände zu lassen.

»Wollten sie erst, aber als ich gesagt hab, dass Sie die für den Pinguin brauchen und mich losgeschickt haben, um sie abzuholen, haben sie mich durchgelassen. Sie haben mich doch deswegen losgeschickt, oder?«

»Äh, ja!«, sagte ich. »Jetzt fällt es mir wieder ein! Gut, dass du daran gedacht hast! Du wirst es noch weit bringen, Bernado Cortés!«

Juan Salvado hatte bereits ein paar Wochen im College verbracht und sich an das Leben auf der Terrasse gewöhnt wie eine Ente ans Wasser. Unterm Tisch fand er Schutz, sei es vor Sonne oder Hagel, und er liebte seine tägliche Dusche, die entweder ich oder die Jungen ihm verpassten. Wir ließen das Gartenschlauchende mit sanftem Wasserdruck über die Tischkante hängen, so dass Juan Salvado sich unter den von uns gebastelten Wasserfall stellen konnte.

Das Ritual war immer das gleiche. Ein, zwei Sekunden lang hielt er den Schnabel in das Rinnsal, dann schüttelte er kräftig den Kopf. Nachdem er das zwei- oder dreimal gemacht hatte, wusch er sich mit dem einen Fuß Gesicht und Hals, während er auf dem anderen balancierte. Dann wandte er sich anderen Körperteilen zu. Es war erstaunlich, welche Stellen er mit seinem Fuß erreichen konnte; als hätte er biegsame Gummiknochen, die ihm jede Verrenkung ermöglichten. Als Nächstes trat er aus dem Wasserstrahl heraus und nahm sich mit dem Schnabel sein Gefieder vor, wobei er am Hals begann und sich zentimeterweise vorarbeitete, bis er am Schwanz angelangt war, mit dem er stoßweise schnell und heftig wedelte, während er ihn putzte. Das war für uns das Signal, ihn sanft mit einem Handtuch abzutrocknen, woraufhin er sich erneut die Federn putzte.

Wir hatten uns gefragt, wie viel Wasser Pinguine für gewöhnlich trinken und ob sie ihren Flüssigkeitsbedarf vollständig über den Fisch decken. Deshalb stellten wir Juan Salvado immer Wasser in einer tiefen Untertasse hin. Da das Wasser im College extrem salzhaltig war, machte ich mir um einen möglichen Salzmangel keine Sorgen, obwohl ich ihn eigentlich nie trinken sah. Doch es beruhigte mich, dass das Wasser da war, sollte er welches brauchen.

Bernado Cortés hatte eine Eingebung gehabt, als er die große Zinkwanne in einer schmutzigen Ecke der Werkstatt in Quilmes entdeckte. In ihr könnte Juan Salvado baden und ganz untertauchen, wenn er wollte; und er konnte sich abkühlen, wenn die Sommerhitze größer wurde. Auf jeden Fall half es, mein Gewissen bezüglich Juan Salvados Wohlergehen zu beruhigen. Seine Federn sahen noch immer nicht so aus, als hätten sie ihre Undurchlässigkeit wiedergewonnen.

Cortés hielt mir seinen Fund hin, damit ich ihn mir näher ansehen konnte, und es war offensichtlich, dass die Wanne schon oft benutzt worden war. Ich konnte mir gut vorstellen, wie sie Ende des neunzehnten Jahrhunderts in einer Eisenwarenhandlung oder einem Kramladen an einem Haken von einem Dachbalken baumelte, glänzend und neu, mit einem handbeschrifteten Preisschild aus brauner Pappe an einer Hanfschnur. Ohne Zweifel war sie von einer damaligen Pionierfamilie gekauft worden, zusammen mit anderem lebensnotwendigen Kram. Ich stellte mir einen dünnen jungen Mann in weiter Latzhose und seine eben angetraute Frau vor, die nur das wenige kauften, was sie sich leisten konnten und womit sie ihren veralteten Pferdekarren nicht überluden. Einige Wellblechplatten, Holz, Nägel und Hammer, Drahtzaun, eine Spitzhacke, eine Schaufel, Streichhölzer, Mehl, Maissaat, Kartoffeln, einen weißen Emaillekrug, etwas Munition und diese Zinkwanne. Diese paar Dinge sowie Liebe und Entschlossenheit würden reichen, um einen eigenen Hof aufzubauen, von Grund auf, wenn auch nur mit Müh und Not.

Damals hatte Juan Salvados Badewanne den Mittelpunkt ihres häuslichen Lebens dargestellt, während sie sich mühsam das Land zu eigen machten, ihren Lebensunterhalt verdienten und einen neuen Hof südlich von Buenos Aires aufbauten. Vielleicht hatte sie in der Küche zur Vorbereitung des Essens gedient und nach dem Essen als Spüle. Zweifellos war sie auch für die Wäsche und in den Schlafzimmern genutzt worden. Neugeborene waren in ihr gewaschen und Wasser in ihr erwärmt worden. Abgedeckt hatte sie sicher einen trockenen, ungeziefergeschützten Vorratsspeicher abgegeben. Als der Haushalt sich allmählich vergrößerte, gedieh und die Familie auf der sozialen Leiter höher stieg, wurden der Wanne immer profanere Aufgaben zugewiesen, und so diente sie als Futtertrog für die Schweine und als Abwasserbehälter. Schließlich, nachdem sie ein Leben lang ihre Schuldigkeit getan hatte, inzwischen verbeult, zerkratzt und mit rostigen Stellen, gehörte sie zu den Restposten einer Hofauktion, als das Haus der Familie verkauft wurde. Danach war sie durch viele Hände gegangen, bis sie schließlich ihr Dasein als Ladenhüter auf einem Autofriedhof in Quilmes fristete. Doch das Schicksal hatte noch eine letzte edle Bestimmung für sie in petto und ließ an jenem Nachmittag einen Schuljungen im Vorbeigehen ihr Potential erkennen.

»Genau das brauchen wir!«, sagte ich anerkennend. »Gut gemacht! Bring sie raus auf die Terrasse und mach sie ein bisschen sauber.«

Eifrige Hände trugen die Trophäe auf die Terrasse, um ihr eine Grundreinigung zu verpassen. Dreck, Ruß und Spinnweben wurden mit dem kraftvollen Wasserstrahl aus dem Hahn weggespült, während Juan Salvado danebenstand und Aufsicht führte. Zufrieden mit dem Geschehen, rieb er im feinen Wasserdunst, der sich auf seinen Federn verteilte, den Kopf an seiner Brust, und wieder einmal bewunderte ich seinen erstaunlich flexiblen Hals, der ihm erlaubte, seinen Kopf kopfüber zu drehen. Der Anblick des Pinguins im Regenbogen des Sprühnebels war unvergesslich.

Innerhalb kürzester Zeit war der lose Dreck von der Wanne entfernt worden, und da stand sie nun, gefüllt mit klarem, sauberem Wasser, und bot erneut ihre Dienste an.

In der Nähe lagen ein paar Scheite *quebracho*-Holz. Sie stammten aus den reichlichen Vorräten im Holzschuppen und dienten dazu, den Schlauch zu beschweren, damit er sich nicht vom Tisch schlängelte, wenn das Wasser aufgedreht wurde. Das Wort *quebracho* kann als »Axtspalter« übersetzt werden. Wie der Name schon sagt, ist es außerordentlich hartes, dichtes Holz, das im Wasser untergeht und kaum praktisch nutzbar ist außer als Feuerholz, da es wie Kohle brennt. Seine hohe Dichte macht es als Gegengewicht nützlich, und nun, außen vor die Wanne gestapelt, bildeten die Scheite eine Treppe für Juan Salvado, über die er in sein Bad klettern konnte. Innen gab es eine ähnliche Vorrichtung, damit er wieder hinauskonnte. Da es *quebracho* war, trieb es nicht an die Oberfläche, sondern blieb unter Wasser liegen.

Als alles vorbereitet war, traten wir zurück, um zu sehen, was der Pinguin mit der Erweiterung seiner Terrassenausstattung anfangen würde, und machten uns bereit für gegenseitiges Schulterklopfen, sobald er freudig ins Wasser hasten und herumschwimmen würde – doch Juan Salvado tat nichts dergleichen. Er interessierte sich kein bisschen für sein neues Schwimmbecken, seelenruhig putzte er sich weiter. Er würdigte die Zinkwanne keines Blickes, was ungewöhnlich war. Normalerweise weckte jeder neue Gegenstand auf der Terrasse augenblicklich seine Neugier.

Die Jungs waren sichtlich geknickt.

»*¿Por qué no usarlo?*«, fragte einer.

»*¿No le gusta?*«, fragte ein anderer.

»Sprecht bitte Englisch!«, erinnerte ich sie. Außerhalb des Spanischunterrichts waren die College-Regeln in dieser Hinsicht ziemlich strikt.

»*Sí*, es gefällt ihm nicht!«, stellte ein Dritter fest.

»Lasst ihm Zeit«, sagte ich. »Es ist nur ungewohnt für ihn.« Ich versuchte, sie aufzumuntern, aber insgeheim war ich von der Reaktion des Pinguins genauso enttäuscht wie die Jungen.

Plötzlich sagte einer der Jungs: »Ich weiß! Ich weiß, was er will. Er will *yelo*!« Er drehte sich zu mir um und fragte mich in ganz normalem *Spanglish*, wie es sich in die anglo-argentinische Mundart einschleicht: »Sie haben *yelo*?«

»Was meinst du mit ›yellow‹?«, fragte ich, »was soll gelb sein? Gelbe Farbe? Er will doch keine Farbe, du dummer Junge! Wieso um Himmels willen sollte er gelbe Farbe brauchen?« Die Jungen liebten es, wenn ich den Exkolonialoberst spielte.

»Nein, nicht Farbe, einfach *yelo*! Damit er sich zu Hause fühlt!«, sagte er grinsend.

Die anderen Jungen lachten und übersetzten für ihn: »Sag einfach ›Eis‹!«, stichelten sie.

»*Sí*, Eis! *¡Yelo! ¡Hielo! ¿Tiene?«* – »Sie haben?«

»Eis! Wo? Da drin? In der Menge Wasser machen ein paar Eiswürfel wohl kaum einen Unterschied! Nicht den geringsten!«

»Doch! Doch! *¡Sí!*«, riefen sie im Chor. Auf einmal hielten alle Jungen es für eine enorm gute Idee, für die Lösung des Problems. »Bitte! Sie haben?«

»Tja …« Ich zögerte. »Ich habe ein bisschen Eis im Kühlfach, aber nur eine winzige Menge, nicht viel. Das würde wirklich keinen Unterschied machen. Er ist auch kein antarktischer Pinguin, ein paar Eiswürfel würden also ohnehin keinen Eindruck auf ihn machen.«

Außerdem war es schon fast achtzehn Uhr dreißig und Zeit für den Gong, der die Jungen zum Essen in den Speisesaal rief. Er läutete einen der wenigen friedlichen Momente im College-Alltag ein, die ich manchmal mit einem ruhigen Gin Tonic auf der Terrasse mit Kollegen genoss, und mein kostbares Eis aus eigens dafür gekauftem Wasser war wesentlicher Bestandteil dieses Rituals. Ich hoffte also, dass ich den Jungen und ihrer Idee eine kalte Dusche verpasst hatte.

»Ach, bitte!«, bettelten sie auf so mitleiderregende Weise, dass ich mich dazu genötigt fühlte, dieses ultimative Opfer zu bringen. Widerwillig ging ich hinein, nahm den kleinen Eiswürfelbehälter aus dem Eisfach meines Kühlschranks und kippte heimlich ein paar Eiswürfel in ein Glas, das ich für später zurück ins Eisfach stellte.

»Hier, bitte«, sagte ich und reichte ihnen die Eiswürfelschale aus Plastik. »Aber es wird keinen Unterschied machen, das garantiere ich euch.«

In dem Augenblick schallte der Speisesaal-Gong über den Campus.

»Also dann, ab mit euch! Ist auch besser, wenn ihr hier nicht weiter rumlungert! Lasst ihn einfach allein, er wird seine Badewanne schon noch ausprobieren«, sagte ich. »Ihr könnt später wiederkommen.«

»¡Momentito, momentito!«, bettelten sie und warfen die Eiswürfel ins Wasser, wo diese innerhalb von wenigen Sekunden schmelzen und keinen messbaren Einfluss auf die Wassertemperatur haben würden.

Doch im selben Augenblick hörte Juan Salvado auf, sich zu putzen, blickte nach oben, und, als wäre das Eis genau das, worauf er gewartet hatte, hüpfte er die Stufen hoch wie ein alter Hase, der das schon tausendmal gemacht hatte, und fing an, sich zu waschen.

Das schallende Gelächter über diese Wendung war ansteckend, trotzdem erinnerte ich die Jungen daran, sich sofort in den Speisesaal zu begeben. Sie liefen los und lachten noch den ganzen Weg über. Ich hörte, wie sie mich nachäfften: »Es wird nicht den geringsten Unterschied machen!«, und jedes Mal, wenn die Jungen es wiederholten, ertönten neue Lachsalven, bis sie nach hundert Metern den Speisesaal erreichten.

Ich schenkte mir den versprochenen Gin Tonic ein und gesellte mich für einen Abendtrunk zu Juan Salvado auf die Terrasse. In der angenehmen Wärme der untergehenden Sonne sitzend, erhob ich den Blick und das Glas auf den Pinguin.

»*Auf dein Wohl, Juan Salvado!*«, sagte ich. »*¡Salud!*«, und nippte an meinem Drink. Ich ließ die Eiswürfel in meinem Glas klimpern. Er erwiderte den Trinkspruch mit »*Hoch die Schwanzfedern!*«, beugte sich vor und wedelte mit dem Schwanz, während er nach einem Eiswürfel pickte. Er tauchte die Flügel unter Wasser und spritzte wie wild.

»Juan Salvado tat nichts dergleichen.
Er interessierte sich kein bisschen für sein neues
Schwimmbecken, seelenruhig putzte er sich weiter.«

TERRASSEN-GESPRÄCHE

Kapitel 10
In dem geteiltes Leid halbes Leid ist

Das Leitungswasser im College war wegen seines Salzgehalts praktisch ungenießbar, und die Rohre verkalkten so schnell, dass sie alle paar Jahre ausgetauscht werden mussten. Man hatte uns gesagt, dass wegen der Wartungsarbeiten im Schulgebäude unsere Wasserversorgung unterbrochen werden müsste und wir den Hausmeistern Zugang zu unseren Unterkünften gewähren sollten. Also war ich nicht überrascht, als eines Tages zur Siesta-Zeit drei Männer vor der Tür meines Apartments standen, um die Rohre zu vermessen, einer mit Stift und Papier, einer mit Maßband und der Dritte in der Rolle des Vorarbeiters. Aufgrund der Bescheidenheit meiner Küche und meines Badezimmers brauchten sie für diese Aufgabe keine zehn Minuten, doch dann baten sie darum, als Nächstes die Terrasse in Angriff nehmen zu dürfen.

Man hätte erwarten können, dass das Trio diese Mission in ein bis zwei Minuten erfüllt haben würde – schließlich gab es draußen nur ein kurzes Rohr –, doch Juan Salvado hatte anderes im Sinn.

Mein Apartment hatte ein Fenster mit Fensterläden, das auf die Terrasse hinausging, und immer wenn Juan Salvado Besuch hatte, konnte ich gar nicht anders, als die Unterhaltungen draußen unbemerkt mitzuhören. Jetzt sah ich zu, wie

Juan Salvado darauf bestand, die Maße persönlich zu überprüfen, und es dauerte nicht lang, da saßen die drei Männer auf der Mauer und erklärten dem Vogel die technischen Details ihrer Aufgabe und wie viel zufriedenstellender er den Wasserdruck finden würde, sobald sie ihre Zauberei vollbracht hätten. Mir selbst war nur ein Bruchteil dieser Informationen mitgeteilt worden!

Inzwischen war ich an diese Art von Anthropomorphismus bereits gewöhnt. Allen voran ich selbst war groß darin, dem Pinguin menschliche Eigenschaften zuzuschreiben. Erleichtert und belustigt stellte ich fest, dass auch andere Menschen ganz ähnlich reagierten wie ich, und ich musste mehrmals ein Lachen unterdrücken, als die einfachen Vermessungsarbeiten mit Juan Salvados Hilfe über eine halbe Stunde dauerten.

Ein oder zwei Tage später klopfte es, und ich war ein wenig überrascht, einige der Gärtner vor meiner Tür stehen zu sehen, die alle den Blick über meine Schulter richteten. Erst als sie erklärten, sie wollten nicht mich, sondern Juan Salvado besuchen, wurde mir alles klar. Sie waren hocherfreut, als ich sie fragte, ob sie ihm sein Mittagessen geben wollten, und scharten sich auf der Terrasse um den Pinguin, um ihn mit Sprotten zu füttern. Sofort begannen sie, seine Spaziergänge auf dem College-Gelände zu besprechen und versicherten ihm, dass der neue Rasenmäher bereits unterwegs war, um die Rasenqualität zu verbessern. Sie hofften, das sei in seinem Sinne.

Die Putzfrauen des Hauses brauchten weder meinen Fisch noch meine Erlaubnis, um Juan Salvado zu besuchen. Ich hatte ihnen deutlich mitgeteilt, sie sollten ihn so oft besuchen, wie sie mochten, doch zweifellos hätten sie das so oder so getan – dies war schon wesentlich länger ihr Reich als meines. Genau wie mit seinen anderen Gästen hielten sie sich nur kurz mit Begrüßungsfloskeln und höflichen Bemerkungen auf, um dann zu den Themen des Tages zu kommen. Die Inflation und die schlechte Bezahlung waren vermutlich die häufigsten Themen der Wäschefrauen, dicht gefolgt von Klatsch und Tratsch über das übrige Personal.

Auch Maria wurde zur häufigen Besucherin und watschelte hinaus auf die Terrasse, wann immer ihre Pflichten sie an der Tür vorbeiführten (und nach Juan Salvados Ankunft sorgte sie dafür, dass ihre Pflichten sie quasi täglich dort hinführten). Auf der Mauer sitzend gönnte sie ihren müden Beinen eine Pause und redete sich alles, was bei den Hausangestellten so vor sich ging oder worüber sie sich sonst ärgerte, von der Seele, seien es beim Bügeln verbrannte Hemden oder die unvermeidlichen Flirtereien zwischen ihren »Mädchen« und den Jungen. »*¡Ay ay!* Juan Salvado«, klagte sie stets. »*¡Madre de Dios!* Was sollen wir bloß machen?«

Ich hörte viele solcher Unterhaltungen zwischen Besuchern und Vogel mit an, sowohl auf Englisch als auch auf Spanisch (interessanterweise bereitete ihm keine der Sprachen große Probleme), wenn Leute sich zum Zeitvertreib zu ihm gesellten. Der Grund dafür, warum er jeden verzauberte, Erwachsene wie Jugendliche, lag natürlich darin, dass Juan Salvado, wie jeder gute Pastor oder Priester, so ein guter Zuhörer war und sich geduldig alles anhörte, was ihm erzählt wurde, von Bemerkungen über das Wetter bis hin zu den größten Geheimnissen, ohne sein Gegenüber je zu unterbrechen. Er sah den Menschen direkt in die Augen und hörte so aufmerksam zu, dass seine Gäste dazu neigten, ihn als ebenbürtigen Gesprächspartner zu behandeln – es schien ihnen zu helfen, ihre Probleme aus der Vogelperspektive zu betrachten. Mit seinem »Priesterkragen« und dem langen schwarzen Umhang wirkte er wie ein freundlicher, hutzeliger, alter viktorianischer Landpfarrer, der von der Gicht geplagt war. Hätte er ein Kreuz um den Hals getragen, hätte er sogar ein Bischof sein können.

Diesen Eindruck ungeteilter Aufmerksamkeit vermittelte Juan Salvado durch die Art und Weise, wie er seinen Kopf neigte und einem abwechselnd je ein Auge und Ohr zuwandte. Seine Besucher konnten sich auf seine Diskretion und seinen bedingungslosen Zuspruch verlassen. Dass er nicht sprechen konnte, war kein Hindernis für Juan Salvado; mit seinen Augen vermittelte er die brillante Eloquenz eines großartigen Redners. Womöglich, sinnierte ich, lag es an seiner strikten Fisch-Diät, die seine Gesprächspartner auf die Weisheit seiner Antworten vertrauen ließ, hatte Fisch doch den Ruf, besonders gut für das Gehirn zu sein.

»*¡Ay ay! ¡Madre de Dios!* Was sollen wir bloß machen, Juan Salvado?«, begann Maria eines Tages die Unterhaltung, während ich in meinem Zimmer saß und Arbeiten der Schüler korrigierte. »Ich weiß auch nicht, Juan Salvado, diese Mädchen sind einfach so dumm! Die Eltern allerdings auch! Das muss man sich mal vorstellen, wer lässt denn seinen Sohn wertvolle Manschettenknöpfe mit ins College nehmen? Jeder hätte die stehlen können! Oder der dumme Junge hat einfach vergessen, wo er sie hingetan hat, das ist sogar am wahrscheinlichsten! Diese Manschettenknöpfe kosten so viel wie drei Monatslöhne meiner Mädchen. Vielleicht hat eine von ihnen gemeint, sie würde damit durchkommen, sie zu stehlen. Jetzt haben wir bald die Polizei im Haus! Das hat es noch nie gegeben, Juan Salvado!«

Ich spähte durch die Fensterläden. Es stellte sich heraus, dass einer der Jungen seine goldenen Manschettenknöpfe nicht von seinem Hemd entfernt hatte, und als ihm das Versäumnis aufgefallen war, hatte er in der Wäscherei nach ihnen gefragt. Niemand hatte sie gesehen. Diese Manschettenknöpfe waren nicht nur wertvoll, weil sie aus Gold waren, sondern weil sie darüber hinaus auch noch ein Familienerbstück waren. Das Ende vom Lied war, dass der Junge die Wäschefrauen des Diebstahls bezichtigt hatte und die Eltern des Jungen darauf bestanden, die Polizei einzuschalten.

Glücklicherweise waren die meisten Vorfälle in Marias Zuständigkeitsbereich weniger ernst und die Folgen besser absehbar, und letzten Endes konnten natürlich alle Probleme gelöst werden. Kaputte Hemden wurden auf unsichtbare Weise geflickt (Marias Nähkünste waren legendär), und sogar die Manschettenknöpfe konnten dank Santa Marias Bemühungen wiedergefunden und ihrem rechtmäßigen Besitzer übergegeben werden. So führte Maria ihr Reich. Sie duldete keine Einmischung von außen. Wie eine Tigerin ihre Jungen bewacht, so regierte sie mit eiserner Hand, aber einem Herzen aus Gold. Die Jungen konnten nichts falsch machen, genauso wenig wie ihre Mädchen. Wenn ihre Mädchen etwas anstellten, dann regelte sie es, und wehe dem, der es wagte, sich einzumischen. Sie erfüllte ihre Aufgaben nach eigenem Ermessen und erntete Bewunderung und Respekt für ihre Entschlossenheit. Und alldem lauschte Juan Salvado bedächtig, er war wie ein Fels in der Brandung.

Doch Juan Salvados häufigste Besucher waren die Jungen selbst. Meist kamen sie grüppchenweise, um sich über eine unfaire Strafe oder die Taktik für das nächste Rugbyspiel auszulassen. Gelegentlich jedoch verirrte sich ein Junge ganz allein auf die Terrasse. Besonders in Erinnerung geblieben ist mir eine bestimmte Unterhaltung, als Julio Molina in nachdenklicher Stimmung kam, um das Orakel zu befragen.

»*¡Hola! ¿Qué tal?* Hallo, Juan Salvado, wie geht's dir heute? Schönes Wetter in letzter Zeit! Und was für eine tolle Aussicht du von hier aus hast. Oh! Du kannst ja bis zum Fluss runterschauen.« Nach den einleitenden Höflichkeiten wurde der Tonfall verschwörerischer. »Ehrlich gesagt bin ich froh, dass du allein bist, Juan Salvado, ich könnte nämlich deinen Rat gebrauchen, und ich – na ja, ich weiß nicht, wen ich sonst fragen soll. Weißt du, ich hab da ein Mädchen getroffen … Wo? Ach, bei meiner Cousine. Und ich, ähm, na ja, äh, ich finde sie ziemlich hübsch, und, äh, ich denke auf einmal die ganze Zeit an sie und frage mich, ob ich mich mal mit ihr treffen soll … äh … aber … na ja, äh – hä? Was?! Wie bitte? Oh! *¡Magnifico!* … Du meinst, ich soll sie mal einladen? Ah! Oh! … Wow! Meinst du wirklich? Oh, *muchísimas gracias*, Juan Salvado, *muchísimas gracias*! Dann mache ich das! Jetzt gleich.«

Und schon ging er froh seines Weges, glücklich darüber, dass solch ein verlässlicher Freund ihn in dem bestärkt hatte, was er ohnehin hatte tun wollen.

EIN BESUCH IM ZOO

Kapitel 11
In dem eine schwierige Entscheidung getroffen wird

Seit Juan Salvado sich an jenem ersten Tag in Punta del Este geweigert hatte, davonzuschwimmen und für sich selbst zu sorgen, hatte ich vor, ihn in Buenos Aires in den Zoo zu bringen. Dort, redete ich mir ein, würde er von der Gesellschaft anderer Pinguine und der fachkundigen Pflege der Zoowärter profitieren. Nachdem ich ein paar Wochen mit dem Vogel zusammengelebt hatte, hing ich sehr an meinem neuen Freund, genau wie viele meiner Kollegen. Doch ich wusste, dass ich nach anderen Möglichkeiten Ausschau halten musste. Die dreimonatigen Sommerferien boten mir die einmalige Chance, ausgiebig zu reisen, und die wollte ich nutzen. Doch nun hatte ich die Verantwortung für einen Pinguin übernommen und musste geeignete Vorkehrungen für sein Wohlbefinden treffen, bevor ich mich ins Abenteuer stürzen konnte.

Ich hatte nie vorgehabt, einen Pinguin als Haustier zu halten oder während meines Südamerika-Aufenthalts überhaupt ein Haustier zu haben. Ich war jung, abenteuerlustig und lebte im Ausland. Ich wollte so viel wie nur irgend möglich von diesem riesigen, wilden und romantischen Kontinent erforschen. Das College bot mir einen Ausgangspunkt, ein Einkommen – trotz Inflationsrate – und mehr als vier Monate

Jahresurlaub. Da ich im College wohnte, wurde ich mit allem Notwendigen versorgt: vier Mahlzeiten pro Tag in der Mensa sowie ein erstklassiges Vierzimmerapartment mit Putz- und Wäscheservice. Das bedeutete, dass ich nahezu jeden Peso meines Lohns sparen konnte. Von dem ersparten Geld kaufte ich mir ein Motorrad, das ideale Fortbewegungsmittel für mittellose Abenteurer wie mich, die Che Guevaras Reiseform, wenn nicht gar seiner Politik, nacheifern wollten. Doch leider sind Motorräder definitiv nicht das richtige Transportmittel für Abenteurer mit Pinguinen als Reisegefährten.

Ich hatte es mir zur Gewohnheit gemacht, an meinen freien Tagen mit dem Motorrad die unterschiedlichsten Sehenswürdigkeiten zu besuchen. Im Internat übernehmen die auf dem Campus untergebrachten Lehrer während des Trimesters gewisse Pflichten, und da wir auch samstags und sonntags arbeiten mussten, hatten wir einen Tag in der Woche frei. An einem dieser freien Tage im Frühling hatte ich endlich die Gelegenheit, nach Buenos Aires in den Zoo zu fahren.

Nach dem kurz zuvor stattgefundenen Putsch, durch den die Regierung um Isabel Perón abgesetzt und General Jorge Videlas Militärregierung an die Macht gekommen war, funktionierte allmählich wieder alles reibungslos. Züge fuhren nach Plan, und Argentiniens Wirtschaft stabilisierte sich. Der Besitz von Fremdwährungen war zwar nicht mehr strafbar, doch die Inflation blieb hoch, weshalb am Zahltag jeder schnurstracks zu seiner Bank eilte, um Pesos in harte Währungen umzutauschen – was in erster Linie bedeutete, US-Dollar zu kaufen.

Das Motorrad war wieder einmal außer Gefecht – es stellte sich allmählich als äußerst unzuverlässig heraus –, so dass ich diesmal mit dem Zug von Quilmes in die Stadt gefahren war und bei der Bank mein eigenes Devisengeschäft erledigt hatte, um mich dann endlich zum Pinguingehege im Zoo zu begeben.

Die üblichen Zoo-Attraktionen interessierten mich nicht, und so ging ich an den Löwen und Elefanten, den Alligatoren und Nilpferden vorbei und schenkte ihnen nur einen flüchtigen Blick, während mir plötzlich ziemlich unbequeme Fragen zur Haltung von Wildtieren in derartiger Enge durch den Kopf schossen. Ich ging auf direktem Wege zum Pinguinbecken. Ich freute mich darauf, Pinguine zu sehen, die ihre sauberen schwarzweißen Fräcke zur Schau stellten, denn Juan Salvados Bauchfedern würden erst nach der Mauser wieder ihre ursprüngliche Farbe bekommen.

Doch ich hätte mich auf einen Schock gefasst machen sollen. Sieben unglücklich wirkende Vögel kauerten um ein flaches Becken herum, das nicht höher war als die Gummistiefel des Tierpflegers, in einem Gehege, das insgesamt kaum größer war als Juan Salvados Terrasse. Zwar gab es schattige Bereiche, in denen sie auch alle Platz gefunden hatten, doch sie verhielten sich nicht wie die Pinguine, die ich am Ozean in freier Wildbahn beobachtet hatte. Sie lagen lustlos herum, jeder für sich, und ließen niedergeschlagen die Köpfe hängen.

Es war an diesem Tag sehr warm in der Stadt, und in der Wildnis würden die Tiere die Sommermonate tief im Süden von Argentinien verbringen, wo es wesentlich kühler ist. Ich war enttäuscht.

Ich hatte große Pinguinkolonien in freier Natur gesehen, an den Küsten von Patagonien und Chile. Die einzelnen Vögel verhielten sich wie Juan Salvado, ständig interessiert, wachsam und neugierig, wenn sie nicht gerade schliefen, und selbst dann sahen sie stets zufrieden aus. Die Vögel im Zoo sahen nicht zufrieden aus – im Gegenteil, sie wirkten todunglücklich.

Genau in dem Moment kam ein Tierpfleger vorbei, und ich bat ihn, ihm ein paar Fragen zu den Pinguinen stellen zu dürfen. Er war ein fröhlicher Typ und hatte nichts dagegen.

Ja, Pinguine seien mit Fisch vollauf zufrieden und bräuchten sonst nichts zu fressen.

Ja, Pinguine müssten schwimmen, um gesund und in Bewegung zu bleiben, aber es müsse kein Meerwasser sein.

Je größer das Becken, desto befriedigender sei es für die Tiere. Der Zoo könne nicht mehr Pinguine halten, weil der Platz nicht ausreiche.

Ja, Buenos Aires sei ein wenig zu heiß für Pinguine, um das ganze Jahr über dort zu leben.

Ja, er sei gerade auf dem Weg zu den Pinguinen, um sie zu füttern.

Ja, sie würden mehrmals am Tag gefüttert. Sie würden durchschnittlich etwa zweihundert Gramm Fisch am Tag fressen.

Ich war überaus beruhigt, vom Wärter die Bestätigung zu erhalten, dass Juan Salvado im College unter zufriedenstellenden Bedingungen untergebracht war, doch sollte er länger bleiben, würde ich einen Ort brauchen, an dem er schwimmen konnte. Das Becken im Zoo war zwar ebenfalls kaum groß genug für die Pinguine, um dort zu schwimmen, doch ich wollte, dass Juan Salvado so natürlich wie möglich lebte.

Der Tierpfleger verabschiedete sich, schloss das Tor zum Gehege auf und verschwand in einem kleinen Gebäude, das sich in die Felslandschaft einfügte. Einige Minuten später kehrte er mit einem Eimer zurück, der anscheinend mit Makrelenstücken gefüllt war. Die Pinguine blickten ihn antriebs- und appetitlos an, als er sich ihnen näherte.

Ich hingegen beobachtete ihn erwartungsvoll. Lethargisch fraßen die Pinguine den Fisch, den er ihnen anbot, um sogleich wieder träge zusammenzusacken. Ihr Verhalten war so anders als das von Juan Salvado, dass ich entsetzt war. Er rannte hin und her, sobald er jemanden kommen hörte, und begrüßte einen dann mit energisch wippendem Kopf, wodurch seine Augen abwechselnd das Gesicht seines Besuchers und das, was dieser für ihn mitgebracht hatte, taxierten. Wenn man Juan Salvado Fisch anbot, musste man immer genau darauf achten, die Sprotten am Schwanz festzuhalten, um die Finger von seinem starken, zielsicheren und rasiermesserscharfen Schnabel fernzuhalten.

Inzwischen war mir klar, dass das Verhalten dieser Pinguine in keiner Weise dem glich, was ich in freier Wildbahn beobachtet hatte. Vielleicht machte ihnen die Hitze im Gehege des Zoos in Buenos Aires zu schaffen – dabei war noch nicht einmal Hochsommer. Juan Salvado hingegen lebte auf einer Terrasse in St. George's am südlichen Rand der Stadt. Durch die vergleichsweise ländliche Umgebung und den leichten Wind, der stets vom Fluss herüberwehte, war die Temperatur wesentlich niedriger als im Zoo. Juan Salvado schien die Sonne im College sogar zu genießen, und wenn keine Besucher da waren, konnte man ihn häufig dabei beobachten, wie er regungslos dastand, der untergehenden Sonne zugewandt, als wolle er die letzte Wärme des Tages in sich aufnehmen, bevor es Zeit war, schlafen zu gehen.

So weit, so gut. Ich hatte die gewünschten Informationen erhalten, mir die Bedingungen im Zoo angesehen und brauchte nun Zeit, um meine Optionen abzuwägen.

Vom Zoo aus machte ich mich auf den Weg zurück ins Stadtzentrum und ging aus einer Laune heraus zu Harrods, der Übersee-Zweigstelle des Londoner Kaufhauses, um einen Tee zu trinken. Ich musste über die beste Vorgehensweise bezüglich Juan Salvado nachdenken und mir bei der Gelegenheit ein paar Dinge ansehen, die ich mir auf keinen Fall leisten konnte.

Die Kellnerin brachte mir meinen Tee, und ich lehnte die Gurken-Sandwiches ab, die sie mir aufnötigen wollte. Statt zuzugeben, dass ich sie mir nicht leisten konnte, behauptete ich lieber, ich sei wirklich nicht hungrig. Kaum war sie wieder weg, machte ich mich über die Zuckerwürfel her.

Ich goss etwas Tee aus dem Kännchen in meine Tasse, und während ich, um den Schein zu wahren, meinen ungesüßten Tee umrührte, begann ich, über die Konsequenzen meines Zoobesuchs nachzudenken. Juan Salvado war dem Anschein nach mit seinem Schicksal in St. George's wesentlich zufriedener als die Vögel, die ich gerade gesehen hatte. Er fraß bedeutend mehr als seine Artgenossen und hatte viel mehr »Freunde«. Er war stets munter und aktiv und freute sich über Gesellschaft. Ich hatte meine Fragen mit dem Zoowärter geklärt und wusste, was ich mit eigenen Augen gesehen hatte. Widerwillig kam ich zu dem Schluss, dass ich es nicht für richtig hielt, ihn an den Zoo in Buenos Aires zu übergeben, es sei denn, das wäre die letzte Option.

Doch wenn ich Juan Salvado zu Hause in St. George's

behalten würde, statt ihn ins Pinguin-Internat nach Buenos Aires zu schicken, handelte ich dann wirklich in seinem Interesse? Es war leicht, sich gegen den Zoo zu entscheiden, aber aus den Ratschlägen des Zoowärters war deutlich geworden, dass ich eine Schwimmgelegenheit für Juan Salvado organisieren musste. Die Lösung des Problems lag nicht gerade auf der Hand. Was, wenn er sich bei weiter anhaltender Hitze ernsthaft quälen würde? Doch wie sah die Alternative aus? Ich musste herausfinden, ob es möglich wäre, ihn wieder auszuwildern, doch das würde sich nicht einfach gestalten. Konnte ich ihn zurück nach Punta del Este in Uruguay bringen? Noch einmal durch den Zoll? Wirklich? Welche anderen Möglichkeiten gab es sonst?

Das nächstgelegene Meer in Argentinien, zu dem ich ihn bringen könnte, würde eine sechsstündige Zugfahrt nach Mar del Plata mit sich bringen, mehr als zweihundertfünfzig Meilen gen Süden. Den Großteil der Reise hatte ich bereits einmal gemacht, aus Versehen: Nach einem feuchtfröhlichen Abend in Buenos Aires war ich im Zug eingeschlafen. In den frühen Morgenstunden war ich an einem unbekannten Bahnhof aufgewacht und hatte glücklicherweise den ersten Zug zurück nach Quilmes erwischt.

Es wäre möglich, mit Juan Salvado Zug zu fahren, wenn ich mit genügend Proviant am frühen Abend aufbräche, damit die Reise nicht zu warm würde – machbar wäre es, doch würde es dort Pinguine geben, wenn wir ankämen? Wenn ja, würden sie ihn in ihre Kolonie aufnehmen? Würde es dort Sprotten für ihn zu fressen geben? Was, wenn er mir erneut nicht von der Seite wiche? Diese Idee schien nicht sehr vielversprechend zu sein.

Die nächstgelegenen Kolonien wildlebender Pinguine befanden sich meines Wissens an der Peninsula Valdés, und das war rund tausend Meilen entfernt. Ihn dort hinzuschaffen würde äußerst schwierig werden. Die beste Möglichkeit wäre, sowohl Motorrad als auch Pinguin mit dem Zug nach Bahía Blanca zu transportieren und dann mit dem Motorrad nach Valdés zu fahren. Während ich weiter in meinem Tee rührte, versuchte ich, die Reisedauer einzuschätzen. Die erste Etappe nach Bahía Blanca würde circa vierzehn Stunden dauern und die zweite, mit dem Motorrad, noch einmal zehn. Hin und zurück würde der Ausflug mindestens vier ganze Tage in Anspruch nehmen, und das, ohne Zeit für Zwischenfälle einzurechnen, was nicht besonders umsichtig wäre. Und angenommen, ich würde es schaffen, ihn dort hinzubringen? Was, wenn ich die Kolonien nicht fände, und selbst wenn, wäre es überhaupt sinnvoll, ihn dort zurückzulassen, ohne Garantie, dass die Platzhirsche ihn akzeptierten?

Nein, das einzig Vernünftige, beschloss ich, war eine Erkundungstour nach Valdés, sobald ich Zeit hatte. Alle endgültigen Entscheidungen wollte ich bis dahin aufschieben.

Mein impulsiver Ausflug in die Teestube bei Harrods hatte zur Folge, dass ich den letztmöglichen Zug nach Quilmes nehmen musste, um rechtzeitig für meine nachmittäglichen Pflichten zurück im College zu sein. Durch diesen Umstand erlebte ich einen Fall von höherer Gewalt, der sehr gut veranschaulicht, wie wichtig es zu jener Zeit in Argentinien war, sich auf alle Eventualitäten gefasst zu machen. Bei dem, was mich erwartete, sollte Juan Salvado mein geringstes Problem darstellen.

Nach seinem achtzehnjährigen Exil begann Juan Perón im Jahr 1973 seine dritte Präsidentschaft in Argentinien, im Alter von achtundsiebzig Jahren. Seine dritte Frau, Isabel Perón, wurde Vizepräsidentin. Die internen Machtkämpfe zwischen den unterschiedlichen Gruppen der Peronisten und der Terrorismus der Montoneros (einer Stadtguerilla-Bewegung) brachten große Unruhen mit sich. Durch Bomben wurden wahllos Menschen getötet und verwundet, doch auch die Schießereien aus fahrenden Autos, die zielgerichteter sein sollten, führten zu »Kollateralschäden«. In den ersten Tagen nach meiner Ankunft in Argentinien traf mich dieses Chaos völlig unvorbereitet, obwohl mein neuer Arbeitgeber mich vor dem »Kulturschock« gewarnt hatte. Jeden Morgen druckten die Tageszeitungen lange Listen von Menschen ab, die am Vortag durch die verschiedenen Anschläge ums Leben gekommen waren.

Als Perón 1974 überraschend starb, wurde Isabel Präsidentin. Sie war heillos überfordert, hatte schlechte Berater und nichts von der politischen Gerissenheit und Tücke, die ihre Vorgängerin Eva an die Spitze katapultiert hatte. Argentinien rutschte vollständig in die Anarchie ab. Obwohl die Menschen, die ich kannte, ein breites Spektrum der argentinischen Gesellschaft abdeckten, schienen alle darin übereinzustimmen, dass die Lage so schlimm geworden war, dass nur noch das Militär imstande sei, die Ordnung wiederherzustellen.

Ich erinnere mich noch lebhaft an eine bestimmte Fernsehsendung, die während Isabels Zeit als Präsidentin lief. Im Vorbeigehen hatte ich gesehen, dass jemand in einem der Gemeinschaftsräume den Fernseher angelassen hatte, also ging ich hinein, um ihn auszuschalten. Ich bekam die

Sendung also nur durch Zufall mit. Völlig ungläubig starrte ich auf den Fernseher. Zu sehen war eine Geburtstagsfeier, scheinbar die eines Kindes, mit Wackelpudding, Hüten und Reise nach Jerusalem. Die Leute lachten, wenn Essen auf den Boden fiel, bliesen in ohrenbetäubende Partytröten und sangen »*Cumpleaños Feliz*«, als die Kerzen ausgepustet wurden. Doch das »Geburtstagskind« war niemand Geringeres als die Präsidentin der Republik Argentinien, Isabel Perón, und die Partygäste, die ein so infantiles Benehmen an den Tag legten, waren Regierungsmitglieder. Sie verschlossen die Augen vor der Wahrheit. Derart alberne Eskapaden wurden landesweit im Fernsehen ausgestrahlt, während Bomben und kaltblütige Morde an der Tagesordnung waren.

Die von Terrorismus geprägte Atmosphäre sorgte dafür, dass die Mehrheit der Menschen nur noch an sich selbst dachte. Was zur Folge hatte, dass man sich auf nichts mehr verlassen konnte. Geschäfte öffneten oder blieben geschlossen, Züge fuhren oder taten es nicht, und auch die Stromversorgung war unzuverlässig. Verständlicherweise stand der Selbsterhaltungstrieb bei allen ganz oben. Die spürbarste Folge war, dass die Leute nicht zur Arbeit erschienen oder nicht den Standard erfüllten, der für gewöhnlich erwartet wurde. Erwerbstätig zu sein hatte nur noch relativ selten Priorität. Zwar schaffte Isabel Peróns Regierung es weder, für Recht und Ordnung zu sorgen, noch, die grundlegenden Pflichten und Funktionen einer Regierung zu erfüllen, doch allem Anschein nach zögerte die Armee damit, zu putschen und Ordnung zu erzwingen.

Im Jahr 1955 war es ein Putsch gewesen, der das frühere Perón-Regime beendet hatte, und obwohl die Armee die Macht schon bald wieder an eine Zivilregierung abgetreten hatte, schwebte die schattige Hand des Militärs während der fünfziger und sechziger Jahre stets über dem Steuerrad. Dies hatte für großen öffentlichen Unmut gesorgt und erklärt, warum sich das Militär in den Siebzigern so lange zurückhielt. Sie warteten darauf, dass die Öffentlichkeit nahezu geschlossen eine »Rettung« der Nation durch die Armee verlangte.

Im Laufe des Jahres 1975 wurden die Rufe nach ihrem Einschreiten lauter, die Lage verschlimmerte sich. Monat für Monat wurden die Forderungen dringlicher, bis 1976 allenthalben erwartet wurde, dass das Militär »kurz davor« sei, die Macht zu ergreifen. Dennoch ließ der entscheidende Schritt immer weiter auf sich warten. Im März desselben Jahres nahmen die Gerüchte bezüglich einer Revolution überhand. Am 21. schrieb ich einen Brief an meine Eltern:

> *Nur eine kurze Nachricht, will sie schnell abschicken. Die Gerüchteküche brodelt, niemand scheint sichere Informationen zu haben, aber laut der Sendung auf BBC World Service, die ich gerade gehört habe, steht der Putsch unmittelbar bevor. Wenn das stimmt, werdet ihr vermutlich einige Zeit keine Post bekommen. Keine Sorge! Mich wird das nicht betreffen.*

Der 22. und 23. März vergingen ohne Zwischenfall, doch am Morgen des 24. wachte ich auf und hörte plötzlich nur noch martialische Musik auf allen Radiosendern. (Ich muss gestehen, dass es eine angenehme Abwechslung zur ständigen Tangomusik war, mit der ich den Tag noch nie gern begonnen hatte, obwohl sie am Abend in einer dunklen Kellerbar durchaus aufregend ist.) Es war passiert.

Anfangs waren die Hoffnungen groß. Die Terroranschläge hatten drastisch abgenommen. Insgesamt verhielten sich die Menschen verantwortungsbewusster. Die Straßen wurden gekehrt, Laternen funktionierten, Geschäfte hatten geöffnet, Luftpostbriefe von zu Hause kamen bereits zwei Tage nach dem Absenden an, statt wie üblich zehn Tage zu brauchen, und die Züge fuhren pünktlich. Für mich war der Putsch ein willkommenes Ereignis.

Ich war also frohen Mutes, dass der Zug mich pünktlich nach Fahrplan zurück ins College bringen würde, denn auch mein Dienst sollte pünktlich beginnen, doch als der Zug auf dem Weg nach Quilmes in Avellaneda hielt, kurz nachdem er den Riachuelo überquert hatte, stürmten Scharen bewaffneter Truppen aus dem Bahnhof und umstellten uns.

Aus allen Richtungen ertönten Geschrei und das Getrappel von Armeestiefeln. Alle Fahrgäste wurden aus dem Zug kommandiert und in das Bahnhofsgebäude getrieben, mit viel Geschubse und Geschiebe seitens der Truppen, während diese durch den Zug strömten und mit ihren Gewehren Leute anstießen, die sich nicht schnell genug bewegten. Offiziere schrien die Soldaten an, und die Soldaten wiederum schrien die Passagiere an. Mehrere Menschen stürzten in der allgemeinen Panik. Es wurde gekreischt und geschrien, als die Menschen versuchten, ihre Ehemänner, Frauen, Kinder und Freunde ausfindig zu machen, von denen sie im Gedränge getrennt worden waren.

Flüsternd wurde verbreitet, es befänden sich Terroristen im Zug. Und das, obwohl Redeverbot herrschte und mit Maschinengewehren herumgefuchtelt wurde, um Angst zu schüren und Schuldige wie Unschuldige gleichermaßen einzuschüchtern. Fassungslosigkeit herrschte, viele schluchzten und beteten für ein Eingreifen Gottes. Kreuze und Rosenkränze waren in vielen Händen aufgetaucht.

Wir wurden in Gruppen von etwa dreißig Leuten aufgeteilt, in unterschiedliche Räume gebracht und mussten uns mit dem Rücken an die Wand stellen. Sechs Soldaten, mit Automatikwaffen im Anschlag, standen Rücken an Rücken in der Mitte des Raumes, in den meine Gruppe gebracht worden war. Uns wurde befohlen, unsere Mäntel und Jacken auszuziehen, damit man uns leichter durchsuchen konnte. Alle hatten Angst. Ich sah Schweiß auf Stirnen glitzern. Unter den Armen von Soldaten und Passagieren zeugten große, dunkle, feuchte Flecken von unserer kollektiven Angst. Alle paar Sekunden spürte ich Schweißtropfen meinen Körper hinabrinnen, in diesem heißen, luftleeren, angsterfüllten Raum.

Die Soldaten waren zum Großteil sehr junge Wehrpflichtige, die sogar jünger als die Vertrauensschüler im College aussahen, und auch sie hatten sicherlich Angst. Ihre Blicke sprangen von den Passagieren zu ihren Kameraden, als müssten sie sich ständig rückversichern. Sie hielten die Gewehre an ihre Schultern und zielten auf Brust und Kopf der fünf oder sechs Passagiere unmittelbar vor ihnen. Stille legte sich über den Raum. Obwohl ich versuchte, den Blick gesenkt und von den Gesichtern der Soldaten abgewandt zu halten, weil mir bewusst war, dass Blickkontakt als Ungehorsam oder Provokation angesehen werden könnte, merkte ich, wie ich langsam nach oben sah. Ich war neugierig, ob die anderen schauten und was die Soldaten taten. Ich sah die Gewehre. Unmittelbar in das schwarze Loch einer Gewehrmündung zu blicken ist eine qualvolle Erfahrung. Finger schienen auf den Abzügen zu liegen, doch ich wusste nicht, ob die Sicherungen aktiviert waren. Mir kam der Gedanke, dass ich nie erfahren würde, ob der Abzug einer Waffe gedrückt wurde, die auf mich gerichtet war. Leere. Wie schwer wäre das für meine Eltern? Und was würde mit Juan Salvado geschehen? Wer würde sich ordentlich um ihn kümmern? Nein, ich musste das hier überstehen, schon um ihretwillen. Alles, was ich tun musste, war auf den Boden zu starren und zu tun, was man von mir verlangte.

Sie durchsuchten uns, einen nach dem anderen. Nacheinander mussten wir ein paar Schritte vortreten, während die Soldaten nach irgendetwas suchten, vermutlich nach versteckten Waffen. Die Kontrolle wurde auf eine unnötig intime und brutale Weise durchgeführt. Die jungen Männer nahmen weder auf die Intimsphäre noch auf die Tatsache Rücksicht, dass sie sowohl Männer als auch Frauen jeden Alters durchsuchten. Doch natürlich protestierte niemand. Innerhalb von etwa einer Stunde hatten sie alle durchsucht und alle Ausweise kontrolliert. Zur großen Erleichterung aller wurden wir zurück zum Zug beordert und durften weiterfahren. Es hieß, einige seien abgeführt worden. Ich wusste nicht, ob das stimmte. Ich wusste lediglich, dass es eine furchtbare Erfahrung war, in die Mündungen von sechs Maschinengewehren zu schauen, die in den Händen von jungen, nervösen Wehrpflichtigen lagen. Ich war nicht davon überzeugt, dass die Soldaten oder Offiziere ihre Arbeit vernünftig ausführten. Und ich fragte mich, ob Argentinien vom Regen in die Traufe gekommen war …

»Motorräder sind definitiv nicht das richtige Transportmittel für Abenteurer mit Pinguinen als Reisegefährten.«

DAS MASKOTTCHEN

Kapitel 12
In dem Juan Salvado den Tag rettet

Am Anfang des Trimesters waren die Jungen meist gesund und fit, doch nach einer Weile ging eine Sportentschuldigungsliste mit Namen von Jungen herum, die krank oder verletzt waren. Von ihnen wurde trotzdem erwartet, dass sie so viel wie möglich an die frische Luft gingen und sich bewegten. Je nach Schwere der Beeinträchtigung sollten sie langsam um die Sportplätze schlendern oder einen etwas flotteren Spaziergang zum Fluss hinunter machen.

Es dauerte nicht lange, da fragte ein Grüppchen dieser Schüler, ob sie nicht Juan Salvado auf die Spaziergänge am Rand des Spielfelds mitnehmen könnten, während die anderen Jungen Rugby spielten, und so kam es, dass Juan Salvado das »Hooligan-Spiel für Gentlemen«, kennenlernte.

Sie nahmen ihn mit zu einem Spiel zwischen zwei U-14-Mannschaften – einem Spiel, bei dem ich Schiedsrichter war. Juan Salvado blieb bei seiner kleinen Truppe von Aufpassern, die an der Seitenlinie auf und ab gingen, ihre Freunde anfeuerten und ihnen gute Ratschläge zuriefen, wie etwa »Jetzt häng dich rein, du faule Socke!« oder ähnlich hilfreiche Kommentare.

Warum Juan Salvado stets hinter der Seitenlinie in der Nähe seiner Begleiter blieb, kann ich nicht sagen. Doch er besuchte viele Rugbyspiele mit vielen verschiedenen Aufpassern, und obwohl er an der Seitenlinie auf und ab rannte und sich nie weit vom Spielfeld entfernte, so als wolle er keinen Spielzug verpassen, kam er dem Feld nie zu nahe oder betrat es gar. Wenn durch eine plötzliche Änderung im Spielverlauf auf einmal eine Gruppe von Spielern auf ihn zustürmte, hoben ihn eifrige Helfer hoch und brachten ihn in Sicherheit.

Natürlich wurde der U-14-Mannschaft schnell klar, dass ein Pinguin genau das Macho-Maskottchen abgab, das eine furchtlose Rugbymannschaft brauchte, um ihre Gegner in Angst und Schrecken zu versetzen. Also wurde Juan Salvado der offizielle Team-Talisman und brachte seinen Adoptivspielern fortan Glück. (Wobei mir nicht klar war, wer hier wen adoptiert hatte.)

An einem warmen, milden Donnerstagnachmittag kurze Zeit darauf musste ein wichtiges Spiel vorbereitet werden, und ich pfiff unter dem aufmerksamen Blick unseres Maskottchens ein Trainingsmatch zwischen den Spielern, die ich vielleicht aufstellen wollte, und denen, bei denen es wahrscheinlich war, als ich eine erschütternde Nachricht bekam.

Damals waren Telefongespräche ebenso wie internationale Flugreisen extrem teuer. Um sich eine Vorstellung von dem relativen Wert zu machen, müssen Sie sich vor Augen halten, dass der Flug von London nach Buenos Aires mit einer BOAC VC10 (ein phantastisches Flugzeug) über 1000 Pfund kostete, während das durchschnittliche Einkommen bei etwa 50 Pfund pro Woche lag.

Auslandsgespräche waren nichts, was man sich einfach so

gönnte, sie waren unheimlich teuer – vielleicht das Fünfzig- oder Hundertfache der heutigen Gebühren –, und Privatgespräche wurden nur im Notfall geführt. Das war gar nicht so schlimm, denn Luftpostbriefe kamen meist nach einer knappen Woche an, und manchmal dauerte es sogar nur zwei Tage, wenn man den »richtigen Moment« bei der Post erwischte. Außerdem waren Briefe billig, sie kosteten lediglich ein paar Pennys. Pflichtbewusst schrieb ich mindestens einmal pro Woche nach Hause und hielt auch mit Freunden und Verwandten Briefkontakt. Nachdem Juan Salvado überraschend in mein Leben getreten war, enthielten meine Briefe an die Daheimgebliebenen sogar endlich einmal richtig interessante Neuigkeiten. Man sollte die Freude daran, Briefe zu schreiben und handgeschriebene Briefe zu erhalten, nicht unterschätzen. Jedenfalls hatte das zur Folge, dass ich nie Anrufe bekam – bis zu jenem Nachmittag.

Ein Junge mit müden Beinen und bebender Stimme kam quer übers Spielfeld gerannt und rief mir zu: »Mrs. Trent lässt ausrichten, dass ein Auslandsgespräch für Sie wartet!« Die Nachricht wurde mir durch eine Staffel von Läufern überbracht, da ich mich dummerweise am anderen Ende vom Campus befand, mindestens eine halbe Meile vom Sekretariat entfernt. Ich sah zu den Jungs hinüber, die mit Juan Salvado unterwegs waren, und signalisierte ihnen, dass sie nicht auf mich warten, sondern ihn auf die Terrasse zurückbringen sollten.

Es gab zwei Arten von Auslandsgesprächen. »Ohne Voranmeldung« war die günstigere Option; der Anruf wurde pro Minute abgerechnet, über die gesamte Dauer, die der Anruf verbunden war. Die Alternative, »mit Voranmeldung«, kostete doppelt so viel, doch die Abrechnung begann erst dann, wenn die gewünschte Person den Hörer erreichte und mit dem Anrufer sprechen konnte. War der gewünschte Angerufene aus irgendeinem Grund nicht erreichbar, entstanden keine Kosten.

Ich konnte bloß mutmaßen, dass etwas Unangenehmes passiert war. Das war der einzig vorstellbare Grund, warum jemand ein Auslandsgespräch tätigen würde. Schließlich galt: »Keine Nachrichten sind gute Nachrichten«, oder? Jemand musste gestorben sein. Die verschiedenen Möglichkeiten schossen mir durch den Kopf. Meine Großeltern waren um die achtzig. Als ich aufgebrochen war, ging es ihnen gut. Meine Eltern waren sechzig. In ihren Briefen hatten sie nichts davon erwähnt, dass etwas nicht stimmen würde. Geschwister oder enge Freunde vielleicht? Unwahrscheinlich. In Augenblicken wie diesen stellt man fest, dass man, was solche Dinge angeht, tatsächlich Präferenzen hat. O bitte, hoffentlich ist es nicht … Eiskalte Angstschauer jagten mir über den Rücken, und ich spürte, wie jegliche Farbe aus meinem Gesicht wich und mir kalter Schweiß, der nichts mit der Anstrengung des Spiels zu tun hatte, auf die Stirn trat. Ich rang um Fassung und versuchte, nach außen hin gelassen zu wirken.

Für wen würde ich nach Hause fliegen? Was für eine schäbige Frage. Ich hatte genug Geld auf der Bank, um im Notfall nach Hause zu fliegen, aber nicht genug für einen Rückflug. Ich lebte noch kein Jahr in Argentinien und hatte noch nicht einmal angefangen, meiner Abenteuerlust zu frönen. Ach, was für eine grausame Schicksalswende! Der Flug nach Hause entsprach den heutigen Kosten für die Anschaffung eines Familienautos. Man konnte nicht von mir erwarten, so viel für einen entfernten Verwandten auszugeben, den ich womöglich noch nie gesehen hatte, oder? Ganz anders würde es natürlich aussehen, wenn … O bitte, hoffentlich ist es nicht …

Mein Herz hämmerte, als ich das Sekretariat erreichte. Ich zog meine verdreckten Schuhe aus und ging hinein. Sarah warf mir einen freundlichen, besorgten Blick zu. Sie war die College-Sekretärin, eine verständnisvolle, hilfreiche Dame, an die sich die jungen ausländischen Lehrer gelegentlich wandten, wenn sie ein paar aufmunternde Worte brauchten.

Der Hörer lag neben dem Telefon auf ihrem Schreibtisch. Er war schwarz und unheilvoll, und ich hasste ihn dafür, dass er mich traurig machen würde. Sie hielt ihn ans Ohr und bedeckte die Sprechmuschel mit der Hand.

»Es ist ein Anruf mit Voranmeldung, also lassen Sie sich Zeit. Warten Sie ab, bis sie wieder zu Atem gekommen sind. Holen Sie tief Luft.«

»Ich sehe ihn schon kommen. Dauert nur noch ein paar Minuten«, log sie die Auslandsvermittlerin an.

Sie legte den Hörer wieder hin, ging um den Schreibtisch herum und schenkte mir ein mitfühlendes Lächeln.

Sie legte mir kurz die Hand auf den Unterarm. »Seien Sie stark« war die Botschaft. Dann verließ sie das Büro und schloss die Tür hinter sich, um mir etwas Privatsphäre zu geben.

Ich holte tief Luft, nahm den Hörer und sagte, so ruhig ich konnte: »Hallo.«

»Hallo. Hier spricht die Auslandsvermittlung. Ich habe einen Anruf mit Voranmeldung für Tom Michell von seiner Mutter. Sind Sie Tom Michell?«, piepste eine dünne Stimme aus scheinbar großer Entfernung.

Ein Anruf von Mutter … das hieß also … Ich war verzweifelt – die Grundfesten meiner Welt gerieten ins Wanken. Mir drehte sich der Magen um. Ich wusste …

Halb schreiend antwortete ich der leisen, weit entfernten Stimme: »Ja, ich bin's.«

»Anrufer? Ich stelle Sie nun durch«, sagte sie.

»Hallo, Mutter?«

»Hallo … bist du das, Tom? Kannst du mich hören, Tom?«

»Ja, kannst du ein bisschen lauter sprechen? Ich kann dich kaum verstehen.«

»SO BESSER? KANNST DU MICH JETZT VERSTEHEN?«

»JA, JETZT GEHT ES.«

»OH, HALLO, MEIN SCHATZ! HERZLICHEN GLÜCKWUNSCH!«

»WAS?!!«

»Herzlichen Glückwunsch, mein Schatz. Ich rufe an, um dir zum Geburtstag zu gratulieren!«

Ich durchlief ein Wechselbad der Gefühle. War heute mein Geburtstag? Ja, tatsächlich. Und sie rief wirklich nur deswegen an? Alle waren lebendig, und es ging ihnen gut!

Wir unterhielten uns kurz, und ich versuchte krampfhaft zu verbergen, dass ich mich innerlich erst einmal von Trauerstimmung am Grab auf Luftballons und Geburtstagskerzen umstellen musste, und versuchte angestrengt, so zu klingen, als freute ich mich, ihre Stimme zu hören. Ich wollte nicht zugeben, was für einen Schrecken ihr überraschender Anruf mir eingejagt hatte, doch sie schien mir gar nicht richtig zuzuhören.

Plötzlich fiel sie mir ins Wort: »Wie geht es denn überhaupt dem armen kleinen Pinguin? Ich hab mir solche Sorgen um ihn gemacht. Kriegt er auch genug zu essen?« Ich gab mein Bestes, ihre Zweifel an meiner Pinguinhaltung zu entkräften. »Ach, ich musste einfach hören, ob es Juan Salvado gutgeht. Jetzt muss ich mit den Hunden spazieren gehen; dein Vater kriegt einen Anfall, wenn er die Telefonrechnung sieht; und kümmer dich gut um meinen lieben kleinen Pinguin, ja? Ich hab allen von ihm erzählt!«

»Ist alles in Ordnung?«, fragte Sarah, nachdem ich aufgelegt und die Tür geöffnet hatte, aber nichts sagte. »Ich habe Ihnen einen Tee gemacht. Ich dachte, es seien vielleicht schlechte Nachrichten …« Sie suchte mein Gesicht nach Anzeichen ab, um mich zu umarmen, falls ich das brauchte.

»Sie sind wirklich zu nett«, sagte ich. »Aber es war nichts Schlimmes. Nur meine Mutter, die mir zum Geburtstag gratulieren wollte. Den hatte ich völlig vergessen! Zumindest glaube ich, dass sie deswegen angerufen hat. Vielleicht hat sie auch nur angerufen, um sicherzugehen, dass ich mich auch richtig um Juan Salvado kümmere!« Wir blickten uns ein paar Sekunden lang mit versteinerten Mienen an, dann brachen wir in Gelächter aus. Und sollte ich Tränen in den Augen gehabt haben, dann waren das Freudentränen. Die Welt war in Ordnung. Wie ein Betrunkener torkelte ich aus dem Sekretariat – meine Beine hatten sich in Pudding verwandelt.

Der Höhepunkt der Rugbysaison war das Lokalderby gegen den Erzrivalen St. Boniface. Das waren spannungsgeladene

Spiele, in denen gnadenlos gekämpft wurde. Diese Paarung war immer die letzte der Saison, da St. George's und St. Boniface als beste Rugbyschulen in Buenos Aires galten.

Der Tag des St.-Boniface-Matchs war immer ein soziales Ereignis. Die gastgebende Schule wechselte jedes Jahr, und jede der fünf Schulen stellte eine Mannschaft. Die St.-Boniface-Spielsamstage waren ganz besonders. Der Vormittagsunterricht endete früher als sonst, vor den Spielen gab es nur ein leichtes Mittagessen, damit danach für alle Beteiligten ein üppiges und geselliges *asado* veranstaltet werden konnte – ein reichhaltiges argentinisches Grillfest.

Da die Rivalität so groß war, wurden externe Schiedsrichter eingesetzt. Man tat alles, um den olympischen Geist aufrechtzuerhalten. Der Ausfall der Schulstunden am Vormittag ermöglichte zudem, dass die Junior-Spiele etwa fünfundvierzig Minuten vor dem ersten Fünfzehner-Spiel begannen, so dass die jüngeren Spieler den älteren zusehen und sie anfeuern konnten, wenn deren Spiel in die spannende Phase kam.

In den Wochen zuvor wurde in den täglichen Trainingsspielen in St. George's alles darangesetzt, die Mannschaft auf den Höhepunkt ihrer Fitness zu bringen, und Technik und Taktik wurden so lange trainiert, bis jeder Spieler genau wusste, was von ihm erwartet wurde. Krafttraining und Sprintübungen auf der Laufbahn wurden mit Taktikübungen auf dem Spielfeld kombiniert und mit militärischer Präzision ausgeführt, während die Strategie den Spielern im Klassenzimmer eingebläut wurde, wo Spielzüge an der Tafel aus der Vogelperspektive dargestellt werden konnten. Nichts wurde dem Zufall überlassen. Nicht einmal der Direktor ließ es sich nehmen, höchstpersönlich bei allen wichtigen Spielen des Jahres zumindest eine Zeitlang anwesend zu sein, und niemand zweifelte daran, dass die Ergebnisse für das Ansehen des Colleges von größter Bedeutung waren. Als die allesentscheidende Partie gegen St. Boniface näher rückte, sah der Direktor sogar beim Training zu, und die Trainer der Älteren opferten ihre Freizeit, um bei der Beratung der Jüngeren zu helfen. Juan Salvado konnte sich bei seinen Nachmittagsspaziergängen selbst von den Fortschritten der Mannschaften überzeugen.

Nicht an allen Schulen in Buenos Aires wurde Rugby gespielt, viele der Jungen kannten ihre gleichaltrigen Gegner ziemlich gut. Dementsprechend hatte jede Mannschaft eine realistische Vorstellung von den Stärken und Schwächen ihrer Gegner, und natürlich wurden auch die Spielergebnisse der anderen Schulen ausgewertet.

Unter den U-14-Spielern von St. Boniface war ein besonders guter Spieler, der schon viele Matches entschieden hatte. Er war furchtlos im Tackling und gleichzeitig in seiner Altersklasse der schnellste Hundertmetersprinter der ganzen Provinz. Pikanterweise ließ sein Name eine eher gemächliche Gangart vermuten: Walker.

Walker spielte auf der Schlussposition, und seine Verteidigung war so stark, dass die restlichen vierzehn Teammitglieder sich mit einem sicheren Gefühl voll auf den Angriff konzentrieren konnten. Doch der Junge durchschaute das Spiel sogar so gut, dass er sich in entscheidenden Momenten manchmal dem Angriff anschließen und eine Überzahl schaffen konnte. Wenn Walker den Ball in die Finger bekam, schaffte er fast immer einen Versuch. Er spielte Rugby, seit er sechs oder sieben war, und war nahezu jedes Mal Kapitän gewesen, seit die Jungen an Wettkämpfen teilnahmen.

Luis Fernández war der Kapitän der U-14-Mannschaft

von St. George's. Er war ein großer Kerl, kräftig für sein Alter, und er nahm seine Verantwortung ernst, aber sein Rugbyspiel wirkte gegen Walkers geradezu schwerfällig. Nach dem Ankick lag Spannung in der Luft, doch schon bald verwandelte sich die Begegnung in eine pure Prügelei, und beide Mannschaften versuchten, in Ballbesitz zu kommen. Jede Seite kämpfte um die Ballkontrolle und wollte verbissen ihren Spielplan umsetzen, wobei das gegnerische Team natürlich sein Bestes gab, diese Pläne zu durchkreuzen.

Das Spiel war ein Hin und Her ohne viel Reiz. Die Zuschauer hatten das Gefühl, dass St. Boniface die stärkere Mannschaft war. St. George's hatte kurz vor der Halbzeit den ersten groben Fehler gemacht. Aus einer unübersichtlichen Spielsituation kam der Ball zum Vorteil von St. George's hervor, einer unserer Stürmer schnappte ihn sich und versuchte, mit einem langen, flachen Pass zur Hintermannschaft zu klären. Doch das Ganze spielte sich zu nah an unserer Mallinie ab, und unsere Leute standen nicht gut. Walker durchschaute die Situation perfekt. Aus knapp zehn Metern Entfernung sprintete er wie der Wind los und fing den Ball mitten im Flug zwischen Passgeber und -empfänger ab. Ohne seine Geschwindigkeit zu drosseln, rannte er an den bestürzten St.-George's-Spielern vorbei, die entweder standen oder in die falsche Richtung liefen und keine Chance hatten, ihn aufzuhalten. Innerhalb von wenigen Sekunden hatte Walker den Ball in der Nähe der Seitenlinie abgelegt und den ersten Versuch des Spiels erzielt. Er brachte St. Boniface vier Punkte (damals war die Punktezählung noch anders) in Führung. Glücklicherweise schaffte ihr Kicker es nicht, den Ball aus so einem schwierigen Winkel über die Querstange zu platzieren und konnte deshalb keine zwei weiteren Punkte erzielen.

Als der Schiedsrichter zur Halbzeit pfiff, stand es 4:0 für St. Boniface, und beide Mannschaften zogen sich an ihr jeweiliges Ende des Spielfelds zurück, um das Spiel mit ihren Trainern zu besprechen. In einer Zeit, bevor Werbestrategen den Leuten weisgemacht haben, es sei unabdingbar, alle paar Minuten Wasser aus Plastikflaschen zu trinken, das für teures Geld über große Entfernungen transportiert werden muss, schafften Spieler aller Niveaus es, die vollen siebzig oder achtzig Minuten eines Rugbyspiels durchzuhalten, mit lediglich einem Orangenviertel in der Pause, um ihre Speicher wieder aufzufüllen. Der Überbringer dieser Erfrischung wurde von den verletzten Spielern begleitet, die natürlich Juan Salvado zur Unterstützung ihrer Kollegen im Schlepptau hatten. Nachdem die Trainer kluge und motivierende Worte gesprochen hatten, warfen die Spieler ihre Orangenschalen in einen Eimer und beugten sich dabei zu ihrem Pinguin-Maskottchen hinunter, um ihm über den Kopf zu streicheln, was Glück bringen sollte. Juan Salvado versuchte, sich dem zu entziehen, indem er in die entgegengesetzte Richtung davonrannte, wenn sich ihm jemand näherte. Das ermöglichte ihm sein Panoramablick. Als die Spieler aufs Feld zurückkehrten, putzte er sich und hielt wie gewöhnlich alle paar Sekunden inne, um sich umzuschauen und wild mit den Flügeln zu schlagen, seine Federn zu untersuchen, den Kopf zu schütteln und gelegentlich den Jungen zwischen die Beine zu laufen.

Nach einer fünfminütigen Pause ging das Spiel weiter. Juan Salvado wurde von seinen Beschützern an den sichersten Ort des Spielfelds gebracht, ans gegnerische Ende hinter die Malstangen. In der warmen Nachmittagssonne wurde das Spiel fortgesetzt. Um zu gewinnen, musste St. Boniface lediglich St. George's vom Punkten abhalten. St. George's dagegen musste zweimal punkten, um als Sieger aus der Partie hervorzugehen. Niemand räumte der Heimmannschaft große Chancen ein.

Walker kommandierte seine Truppe mit einer abgeklärten Selbstsicherheit, die auf seinen außergewöhnlichen Fähigkeiten und seiner Spielerfahrung basierte. Seine Mannschaftskollegen nahmen seine Befehle bereitwillig an. Von seiner Position am Ende des Spielfelds hatte er den Überblick eines Generals. Fernández war ein wesentlich weniger erfahrener Spieler. Der Kontrast war groß. Der ruhige, lässige Walker hatte sowohl sein Spiel als auch seine Emotionen voll unter Kontrolle, während Fernández – obwohl er sein Bestes gab, um den Sieg zu sichern – knallrot und erschöpft war. Er hatte versucht, überall gleichzeitig zu sein, feuerte sein Team an und rief ihnen Anweisungen zu, während er mit allen Mitteln um den Ballbesitz kämpfte und ihm der Schweiß aus den Haaren ins Gesicht lief. Minuten verstrichen, und das Spiel verharrte stur in der Hälfte von St. George's, ein sicheres Zeichen dafür, dass St. Boniface das bessere Team war. Alle waren sich sicher, dass das Spiel gelaufen sein würde, sollten die anderen einen zweiten Versuch legen.

Als das Spiel in die letzten Minuten ging und das Publikum sich in dem Glauben, die Partie sei verloren, zerstreute, um beim ersten Fünfzehner-Spiel zuzuschauen, das schon im Gange war, änderte sich plötzlich alles. Das Spielgeschehen hatte sich in die Mitte des Felds verlagert, und die Stürmer von St. George's hatten auf einmal den Ball ergattert. Der Gedrängehalb hob ihn auf und spielte einen guten Pass zur Hintermannschaft, die mit dem Ball loslief. Unsere Gegner organisierten die Verteidigung gut und tackelten sie, einen nach dem anderen.

Walker stand ruhig an seiner Mallinie und sah zu, wie sich das Spiel entwickelte. Er machte sich keine Sorgen. Er hatte für jeden Angreifer von St. George's einen Verteidiger parat. Unterdessen rappelte sich Fernández auf und sprintete los, um zu helfen. Er brüllte nach dem Ball, der ihm sogleich zugepasst wurde. In diesen letzten Sekunden lief alles auf diese eine Begegnung hinaus, auf ein einfaches Duell zwischen den beiden Kapitänen.

Walker grinste. Er wusste, dass er der bessere Spieler war. Alle anderen Spieler waren stehen geblieben, um sich das Drama anzuschauen. Fernández brüllte nach Unterstützung, und Walkers Grinsen wurde noch breiter, als er sah, dass sich eine weitere Gelegenheit für ihn eröffnete. Fernández würde entweder einen sehr langen Pass spielen oder sich auf ein Tackling von Walker einstellen müssen. Beschloss er, den Ball zu passen, hätte Walker eine gute Chance, ihn abzufangen, genau wie er es zuvor schon getan hatte, und einen zweiten Versuch zu legen. Wenn Fernández jedoch nicht passte, würde Walker ihn einfach tackeln, der Ball würde zu Boden fallen, ins Aus, und St. Boniface würde triumphieren.

Fernández bereitete sich auf den langen Pass vor und warf einen Blick zum Vizekapitän hinüber, der ihm verspätet zu Hilfe eilte. Fernández versuchte abzuschätzen, wie weit er noch entfernt war, und schwang die Arme weit nach links, um einen gewaltigen Pass nach rechts zu spielen. Mit aller Kraft riss er die Arme auf die andere Seite und versuchte, den Ball zu seinem Teamkollegen zu befördern. Walker lief los, um ihn abzufangen, mit katzenhafter Präzision, doch er merkte zu spät, dass Fernández den Ball gar nicht losgelassen hatte! Er hatte einen Pass angetäuscht, und Walker war auf diesen einfachen Trick hereingefallen.

Die Wucht des angetäuschten Passes veränderte Fernández' Laufrichtung, und nach ein paar Schritten hämmerte er den Ball zu Boden und legte damit einen Versuch für St. George's direkt unter die Stangen. Ausgleich, vier Punkte für beide! Der Schiedsrichter pfiff.

»Ja!«, schrie Fernández. »Ja! Genau wie Juan Salvado! Ich hab in die eine Richtung geguckt und bin in die andere gelaufen!«, und was er dann sagte, wurde von Jubelschreien und Applaus übertönt. Auch Juan Salvado flatterte wild mit den Flügeln, um Beifall zu spenden, und strahlte alle um sich herum an, die ihm zu seinem Beitrag zur entscheidenden Verbesserung unserer Lage gratulierten. Gelegentlich hielt er inne, um heftig den Kopf zu schütteln, als wollte er bescheiden wie ein Dirigent auch seinen Musikern etwas von dem Applaus gönnen.

Schweigen senkte sich auf die Menge, als der Kicker von St. George's sich für die wichtigste Erhöhung seines Lebens bereitmachte. Unmittelbar vor den Malstangen musste er den Ball nur noch über die Querstange befördern, um zwei weitere Punkte zu erzielen und das Spiel zu gewinnen. Er platzierte den Ball, ging drei Schritte zurück, senkte den Kopf, richtete den Ball nach den Malstangen aus, hielt inne, holte tief Luft, nahm Anlauf und schoss. Der Ball flog gerade und haargenau richtig. Der Schiedsrichter pfiff das Spiel ab, und es ertönte noch mehr Jubel von den Anhängern der Heimmannschaft. Sieg mit sechs zu vier Punkten!

Die Kapitäne schüttelten sich gegenseitig die Hand, Sportlergeist bis zum Schluss, dann dem Schiedsrichter und schließlich den Trainern der Gegenmannschaft, und Juan

Salvado kehrte auf seine Terrasse zurück, um ein wohlverdientes Nickerchen zu machen. Als alle das Spielfeld verließen, hörte man Walker zu seinem Vater sagen, die Trainer von St. Boniface könnten noch einiges von dem Pinguin lernen.

EIN BESUCH BEI MARIA ZU HAUSE

Kapitel 13
In dem Juan Salvados Anhängerschar immer größer wird

Ich plante, in den einwöchigen Ferien Mitte des Trimesters zur Halbinsel Valdés zu fahren, um herauszufinden, ob es möglich und machbar war, Juan Salvado in den dortigen Pinguinkolonien auszusetzen. Maria hatte sich mit Hilfe der Schüler begeistert um Juan Salvado gekümmert, wenn ich gelegentlich über Nacht nicht im College gewesen war, deshalb hatte ich vor, sie zuerst zu fragen, ob sie in meiner Abwesenheit auf ihn aufpassen würde. Ihr breites Lächeln bestätigte mir, dass es nicht zu viel verlangt war. Bei ihr zu Hause gab es mehrere Hühnerställe, sagte sie, und ein paar wären frei. Also machten wir aus, dass wir sie am Tag vor meiner Erkundungsreise nach Schulschluss nach Hause begleiten würden.

Maria wohnte nur einen kurzen Spaziergang vom College entfernt. Nach dem Tod ihres Mannes war sie zu ihrem Bruder in das Haus gezogen, in dem sie geboren war, und half bei der Hausarbeit, wie sie es bereits als Kind getan hatte. Sie bereitete Essen in der Küche zu, fütterte die Hühner und Schweine, wusch und flickte Kleidung, hütete die kleinen Kinder, wenn deren Mütter bei der Arbeit waren, und holte Wasser aus dem Brunnen: alles, was bei einer Großfamilie an Arbeit anfiel.

Juan Salvado und ich warteten auf Maria vor dem Nähraum, aus dem sie zur vereinbarten Zeit herauskam, so dass wir uns mit einem Vorrat an Fisch, den ich eingepackt hatte, auf den Weg zu ihrem Haus machen konnten. Wir hatten es nicht eilig – Maria hatte es nie eilig. Juan Salvado hatte keine Probleme, mit ihr Schritt zu halten, gemächlich gingen meine Begleiter neben mir her, und mit ihrem identischen Watschelgang erinnerten sie mich an zwei Metronome. Von Maria erfuhr ich, dass vor langer Zeit, als ihr Vater noch lebte, Land an Familien verteilt worden war, die bereit waren, es zu bewirtschaften und ihren Lebensunterhalt damit zu bestreiten. Auf der Flussseite der Stadt war karges und steiniges Land in Hundertmeterquadraten abgesteckt worden, und Marias Vater war damals ein dankbarer Abnehmer gewesen. Er hatte ein großes Holzhaus errichtet, zunächst mit nur einem Raum. Als Wandergeselle übernahm er Arbeit, sooft sie anfiel, und arbeitete zu Hause, wenn er keine bezahlte Arbeit finden konnte. So versorgte er seine Familie. Ich erinnere mich, dass Maria mir erzählte, dass sie irgendwann sogar zu elft waren. Die älteren Söhne waren schließlich ausgezogen, um ihr eigenes Glück in der Welt zu suchen, lediglich mit den Kleidern, die sie am Leib trugen, und die Töchter hatten junge Männer aus ähnlichen Familien geheiratet, und der Kreislauf hatte von neuem begonnen.

»Was sind deine ersten Erinnerungen, Maria?«, fragte ich. Ich hatte festgestellt, dass ältere Menschen es liebten, über ihre Welt von früher zu sprechen, und sich jedes Mal ein Füllhorn an Wundern ergoss.

»Ach, ganz einfache Dinge. Eier fürs Frühstück aus den Nestern im Hühnerstall sammeln. Wie kühl und dunkel es im Haus war und wie heiß und hell die Sonne draußen war. Ich erinnere mich genau daran, wie hübsch meine Mutter und wie stark mein Vater war, und an das Quietschen des Tors und der Wasserpumpe. Ich weiß noch, wie wir die ersten Züge am Bahnhof in Quilmes gesehen haben. Ich hätte nie gedacht, dass es so etwas Großes, Mächtiges und Lautes geben kann. Ich habe mich fast zu Tode erschrocken! Ich erinnere mich auch noch an die ersten Autos in Quilmes. Damals musste man unfassbar reich sein, um ein Auto zu besitzen!«

»Ich wünschte, ich könnte mir ein Auto leisten«, sagte ich mit nicht unerheblichem Bedauern und dachte an mein eigenes, das aufgebockt und abgedeckt in England stand. »Das würde es so viel einfacher machen, nach Valdés zu kommen! Haben Sie sich je ein Auto gewünscht, Maria?«

Sie war entgeistert, wie ich auf so einen Gedanken kommen konnte.

»Du lieber Himmel, nein! Nie im Leben! Was soll ich denn mit einem Auto?« Sie lachte. »Ich wünsche mir nur Dinge, die mich glücklich machen. So viele Leute sind von Dingen eingenommen, die sie niemals glücklich machen werden!«

»Was macht Sie denn dann glücklich, Maria?«

»Ach, meine Kinder und meine Familie und meine Freunde. Sachen anzubauen macht mich glücklich. Die Blüten an den Tomatenpflanzen und dann die wachsenden Früchte zu sehen. Die Hühner, Schweine und Ziegen machen mich glücklich. Und meine Arbeit macht mich auch glücklich.« Sie hielt inne, dann sagte sie: »Mit den Menschen, die ich liebe, alt zu werden, das macht mich glücklich.«

Ich dachte einen Moment lang über diese tiefsinnige Antwort nach, dann fragte ich: »Machen Pinguine Sie glücklich, Maria?« Dabei sah ich Juan Salvado an, der neben uns herging und jedes unserer Worte aufsaugte.

Sie lachte laut. »O ja, Pinguine machen mich sehr glücklich«, sagte sie, und Juan Salvado blickte hoch, um zu sehen, worüber wir lachten. »Natürlich machen Pinguine mich glücklich! Wer wäre nicht glücklich, am späten Nachmittag mit einem Pinguin über diesen staubigen Weg zu gehen?« Juan Salvado strahlte uns an.

Danach gingen wir eine Weile schweigend weiter, und ich beobachtete Juan Salvado. Er sah sich alles an, den Pfad, die Pflanzen, die Zäune und uns.

In unserem gemächlichen Tempo brauchten wir etwa eine halbe Stunde bis zu Marias Haus, und als wir ankamen, war ich vom Anblick der verschiedenen kleinen Häuser und Koppeln, Bäume und Büsche, bewirtschafteter und brachliegender Ackerflächen begeistert. Der perfekte Ort, um Juan Salvado Schutz und Ablenkung zu bieten.

Doch in diesem Augenblick sprang wie aus dem Nichts ein riesiger, wolfsähnlicher, tollwütiger Hund über eine Mauer und rannte auf uns zu. Seine Ohren waren angelegt, seine rote, schaumbedeckte Zunge war zwischen den weißen, gebleckten Zähnen zu sehen und bildete einen Kontrast zu der Boshaftigkeit in seinen Augen. Staubwolken wirbelten auf, als er die wenigen Meter zurücklegte, die uns trennten. Eine Sekunde lang zögerte ich, unentschlossen, ob ich Juan Salvado hochheben sollte, um ihn außer Reichweite des Hundes zu bringen, oder den Hund direkt angreifen sollte. Doch während ich noch hin- und hergerissen war, wurde mir klar, dass er sich nicht Juan Salvado, sondern Maria als Opfer ausgeguckt hatte. Bevor ich reagieren konnte, sprang er gegen ihren Bauch und ließ sie nach hinten taumeln, an den Kopf des Hundes geklammert, um nicht das Gleichgewicht zu verlieren. Ich war verblüfft, dass er sie nicht umgerissen hatte. In seinem wilden Angriff hatte der Hund seinen Kopf tief in Marias Körpermitte vergraben, und sein peitschender Schwanz schien ihn wie ein Propeller weiter nach vorn zu schieben.

»Uffffffff!«, entwich Maria beim Aufprall alle Luft.

Von der Geschwindigkeit des Angriffs überrascht, stand ich versteinert und entsetzt da. Plötzlich bemerkte ich, dass Maria den Hund hinter den Ohren kraulte. »Ach, Reno, du dummer Hund. Jaja, ich bin ja wieder zu Hause, jetzt lauf.«

Juan Salvado war unterdessen erstaunlich ungerührt vom Erscheinen der Bestie, die garantiert ein südamerikanischer Verwandter des Hunds von Baskerville war, und schnupperte weiter an ein paar Gänseblümchen am Wegesrand.

»Reno!« Eine Männerstimme war auf der anderen Seite der Mauer zu hören, und der Hund verschwand so schnell, wie er aufgetaucht war.

»Maria!«, rief ich, noch immer am ganzen Körper zitternd. »Ich dachte, der Hund greift Sie an!«

»Ach was, das ist doch bloß ein übermütiger Welpe, der wird bestimmt bald ruhiger«, sagte sie, zog ihren Mantel zurecht und kam allmählich wieder zu Atem. »Aber es wäre nicht sehr klug, unerlaubt das Grundstück meines Bruders zu betreten. Kommen Sie, ich mache Sie miteinander bekannt. Ach, da ist er ja!«

Ein ungeöltes Tor quietschte und wurde uns von einem untersetzten dunkelhäutigen Mann fortgeschrittenen Alters offen gehalten. Sein noch immer kräftiger Körperbau ließ auf jahrelange schwere Arbeit schließen, und seine funkelnden Augen unterstrichen sein Lächeln.

Als ich durch das Tor getreten war, schüttelte er mir die Hand und sagte: »Willkommen bei uns zu Hause, Señor. Ich bin Mano. Ich hoffe, Reno hat Sie nicht erschreckt – das passiert gelegentlich, dabei tut er keiner Fliege was zuleide, stimmt's, mein Junge?« Der Hund wirbelte mit seinem heftig wedelnden Schwanz Staubwolken auf. Reno lag zu den Füßen seines Herrchens am Boden, den Kopf reckte er nach oben. Die Zunge hing ihm aus dem Maul, und er hechelte, nicht, weil er sich erholen, sondern eher, weil er sich zurückhalten musste. Er wartete auf einen Befehl. Sein eines Auge war grün, das andere braun, und beide musterten mich eingehend. Irgendetwas am Verhalten des Hundes wirkte so, als lache er mich aus.

»Ah, und das muss Juan Salvado sein!«, fuhr Mano fort. Er beugte sich vor und sah sich den Pinguin an, der herumlief und die ungewohnte Umgebung untersuchte. »Sie sind beide herzlich willkommen. Kommen Sie rein, wir trinken etwas. Nola! Unsere Gäste sind da! Reno, ab auf deinen Platz. Matteo! Donna, Gloria! Wo seid ihr, Enkel? Kommt, wir haben Besuch! Na los!«

Kaum dass diese Reihe von Befehlen ausgesprochen war und wir uns auf den Weg zum Haus gemacht hatten, kam eine Frau, die wohl Nola sein musste, mit einem großen Tablett voller Erfrischungen zu uns herüber, und kleine Kinder rannten aus allen Richtungen auf uns zu. Eines der Mädchen hatte ein verängstigt wirkendes weißes Kaninchen im Arm, und ein Junge bearbeitete mit seinem Taschenmesser einen Stock. Reno lief sofort zu seiner Hundehütte aus Holz.

Mano führte uns in eine Ecke des Hofes vor dem Haus, die von uralten Bougainvilleen beschattet wurde, die mit ihren unzähligen kleinen lila und weißen Blüten an einem hölzernen Gestell auf Pfosten wuchsen.

Mano setzte sich auf einen Stuhl, der eindeutig ihm gehörte, und deutete auf einen anderen. »Setzen Sie sich. Wollen Sie etwas trinken?«, fragte er. »Ich werde *mate* trinken.

Mögen Sie *mate*?« Doch ehe ich antworten konnte, dass der argentinische Tee mich immer an einen Aufguss getrockneter Kräuter von einer Kuhweide erinnerte, hatte er Nola auch schon angewiesen, noch mehr zu bringen. Diesen Befehl hatte sie wohl vorausgeahnt, denn sie war bereits unterwegs. Im Vorbeigehen fragte sie mich, ob sie den Fisch, den ich mitgebracht hatte, in den Kühlschrank legen sollte, brachte anschließend jedoch ein paar auf einem Teller wieder mit, damit ich den Kindern zeigen konnte, wie man Juan Salvado füttern musste.

Und so begann ein phantastisches Intermezzo, in dem dieser außergewöhnliche, uns vereinnahmende Mann, der einen wirklich zum Verzweifeln bringen konnte, die Menschen um ihn herum anwies, Dinge zu tun, die sie schon längst erledigt hatten. Er kommentierte laufend alles, was die anderen ohnehin mit eigenen Augen sehen konnten.

»Donna, Mädchen, tu schnell den Fisch in den Kühlschrank, bevor er schlecht wird.«

»Maria, hol noch ein Kissen für den Señor, er braucht noch ein Kissen.«

»Mateo, wo ist dein Bruder Ernesto? Sag ihm, er soll sofort herkommen.«

»Donna! Wo bist du denn, Mädchen? Nie bist du da, wenn man dich braucht. Hierher, Mädchen. Geh und sag den Nachbarn, sie sollen herkommen und den Señor und Juan Salvado, den Pinguin, kennenlernen.«

»Gloria, hol Fisch und füttere den Pinguin. Er muss erschöpft sein nach dem langen Spaziergang. Ich will sehen, wie er frisst.« (Nola hatte längst ein paar Sprotten auf einen Teller gelegt und ihn neben mir abgestellt.)

»Ach, da bist du ja endlich, Ernesto. Hol noch ein paar

Stühle.« (Er sagte das zu einem jungen Mann, der mit einem Stapel von Stühlen beladen war, und sie dann für eine große Gruppe von Menschen kreisförmig aufstellte.)

»Nola! Komm her, Frau! Sieh dir diesen Pinguin an, so ein hübscher Vogel, findest du nicht? Guck mal, wie er sich mit dem Fuß am Kopf kratzt! Maria, wusstest du, dass der Señor ihn in Brasilien gefunden und mit hierhergebracht hat? Nola! Wo bleibst du denn?«

»Ernesto, jetzt stell die Stühle so hin, dass viele Menschen darauf sitzen können. Ernesto!«

»Ah! Da seid ihr ja, Nicolás und Martina. Willkommen, liebe Nachbarn, kommt und seht euch diesen wunderbaren Pinguin an. Seht nur, wie er sich mit dem Fuß am Kopf kratzen kann. Habt ihr so etwas schon mal gesehen? Setzt euch dorthin, gut.«

»Hahaha! Seht euch den Pinguin an! Martina, geh rein und hol etwas Fisch aus dem Kühlschrank. Ich will sehen, wie der Pinguin Fisch frisst, du nicht auch, Nicolás?«

»Was macht denn das Kaninchen hier? Bring es weg, Mädchen.«

»Ah! Da bist du ja endlich wieder, Mia, was hast du denn so lange gemacht? Egal! Komm und sieh dir diesen Pinguin an!«

»Martina! Hast du den Fisch gefunden? Maria, geh und zeig Martina, wo Donna den Fisch hingetan hat.«

Ich schob ihm den Teller hin.

»Oh! Da sind sie ja, hört mal alle her, ich hab sie gefunden! Jetzt kommt her, und zwar alle, und seht euch das an! Juan Salvado wird jetzt Fisch fressen! Ich füttere ihn. Hast du schon mal einen Pinguin gesehen, Nachbar? Guck mal, wie er sich am Kopf kratzt!«

Er nahm einen Fisch, hielt ihn hin, und Juan Salvado wartete geduldig darauf, dass der Fisch in seine Reichweite kam, doch Mano war schon wieder vom nächsten Ereignis abgelenkt, so dass Pinguin und Fisch eine Armlänge voneinander getrennt blieben.

»Ach, seht mal, Joaquín ist gekommen. Hast du alles geschafft? Genau so, wie ich es dir gesagt habe, Joaquín? Ich hoffe, es hat keine Probleme gegeben? Komm und sieh dir diesen Pinguin an, Joaquín. Er wurde gerettet, weißt du? Und jetzt bleibt er ein paar Tage bei uns. So, ich hab noch Draht, ich möchte, dass du den alten Hühnerstall für ihn sicherst. Ach, wo ist bloß der Draht? Maria! Wo habe ich bloß den Draht gelassen? Arggghhh!«

Genau in diesem Moment schnappte Juan Salvado den Fisch aus Manos Hand und erwischte beinahe auch dessen Finger; sein Arm war beim Sprechen langsam gesunken, und als der Fisch in Reichweite war, hatte Juan Salvado nicht lang gefackelt. Der Fisch verschwand mit dem gewohnten lautstarken Klacken. Manos Hand schnellte nach oben. »Oh!«, rief er und besah seine Finger. »Habt ihr das gesehen? Seht euch das mal an, Leute! Guckt mal, wie schnell der Pinguin den Fisch isst. Ach, so etwas habe ich ja noch nie gesehen! Gloria, Kind, komm her, du kannst den Pinguin als Nächstes füttern. Mach es genau wie ich. Na los, Mädchen, er tut dir nicht weh.«

Gloria atmete tief durch, nahm sich einen Fisch und hielt ihn Juan Salvado sehr viel bedachter hin, ganz anders, als Mano es vorgemacht hatte.

Mano setzte derweil seinen laufenden Kommentar fort. Immer mehr Menschen kamen dazu, Freunde, Verwandte und Nachbarn, und schon bald kam ich trotz seiner sorgfältigen Vorstellungen durcheinander. Sie saßen auf Stühlen oder am Boden und tranken *mate*, im Halbkreis um Juan Salvado, der es wie immer genoss, im Mittelpunkt zu stehen, und alles tat, um Mano die Show zu stehlen. Er putzte sich die Federn und aß Fisch, zur großen Freude seines Publikums, das gebannt zuschaute.

Juan Salvado wirkte – wie immer in bewundernder Gesellschaft – so zufrieden, dass es mir leichtfiel, mich bei Maria abzumelden und unbemerkt zu meinem Ausflug zu den wilden Pinguinen aufzubrechen. Ich war sehr froh, dass sie und die anderen sich die vier oder fünf Tage meiner Abwesenheit um ihn kümmern würden.

»Und wann schlüpft es?«

GANZ SCHÖN
WILD

Kapitel 14
In dem ich Pinguinkolonien besuche und auf Tuchfühlung mit anderen wilden Tieren gehe

Der nächste Tag kam und mit ihm meine langersehnte Expedition zur Halbinsel Valdés. Ich hatte alles vorbereitet, um Buenos Aires sofort verlassen zu können, sobald ich freihatte. Ich hatte einen Ordner mit Papieren, alle unterzeichnet von einem örtlichen Notar, um nachweisen zu können, dass ich der rechtmäßige Besitzer meines Motorrads war, und weitere Papiere, um wiederum die Vertrauenswürdigkeit des Notars zu bestätigen. Nur für die Straßentauglichkeit des Motorrads brauchte ich interessanterweise keine Beweise.

In der Werkstatt des Colleges hatte ich aus Sperrholz sorgfältig zwei aluminiumverstärkte Gepäckkisten für das Motorrad angefertigt, um die zwei Ersatzreifen darin unterzubringen, die auf dieser Reise zum erweiterten Werkzeugkasten für meine Gilera 200 ccm gehörten. Entschlossen, keine unnötigen Risiken einzugehen, hatte ich auch Ersatzkanister mit Benzin und Öl dabei, sowie ein Zelt und einen Schlafsack, einen Spirituskocher und winzige Lebensmittelrationen, einen Satz Ersatzklamotten und einen Verbandskasten in Hosentaschenformat. Mehr brauchte ich nicht für das Leben in der Wildnis!

So ausgestattet, transportierte ich das Motorrad per Zug nach Bahía Blanca. Zugreisen waren unglaublich günstig, nur ein paar Pesos pro Meile. Es ging nicht schnell, und die Entfernungen waren enorm, aber es bedeutete, dass ich die ersten rund fünfhundert Meilen in weniger als einem Tag zurücklegen konnte. Ich musste mit dem Motorrad und meinen Sachen im Gepäckwagen fahren, weil ich nicht wusste, wie sicher es war, alles unbeaufsichtigt zu lassen.

Argentinien ist mit einer langen und spektakulären Küste gesegnet, an der bedeutende Brutgebiete von Seevögeln und anderen Tieren liegen. Die Halbinsel Valdés, etwa neunhundert Meilen von St. George's entfernt, ist eines dieser Gebiete, in dem es nicht nur Pinguinkolonien, sondern auch Seelöwen, Seeelefanten und Wale gibt. Die Halbinsel liegt in der nordöstlichen Ecke der südlichen Provinz Chubut, die größer ist als England und Schottland zusammengenommen, und könnte beinahe als Insel durchgehen, da sie nur durch eine schmale Landenge mit dem Festland verbunden ist. Die Fläche der Halbinsel Valdés entspricht nahezu exakt der Größe von Cornwall oder Long Island und ähnelt in ihrer Form der Silhouette eines Pinguin-Embryos mit Nabelschnur. Durch die schmale Landverbindung gibt es zwei große Golfe mit geschütztem Wasser, von etwa derselben Gesamtgröße wie die »Insel« selbst. Diese Kombination aus Meeresströmungen, Freiraum und Topographie macht das Gebiet für Vögel und Säugetiere des Meeres zu einem beliebten Ort, um sich jährlich zu versammeln. Selbst heute ist die Einwohnerzahl der gesamten Provinz Chubut nicht höher als die Cornwalls (um die 500 000). Hier findet man Frieden und Einsamkeit, ein weiterer Grund für die Vielfalt der Tierwelt. Schon vor meiner Begegnung mit Juan Salvado hatte ich vorgehabt, diese wilde, wunderbare Region zu erforschen.

Mir war bewusst, dass ich mich vielen Gefahren aussetzte, indem ich allein in solch ein isoliertes Gebiet reiste. Damals leisteten sich viele Argentinier mit dem nötigen Kleingeld Leibwächter, und Waffen waren legal, verfügbar und günstig, so dass viele Reisende eine Waffe dabeihatten, auch wenn sie das nicht gerne zugaben. Auch ich hatte oft darüber nachgedacht, mir eine Schusswaffe zu kaufen, doch ich war unschlüssig, ob sie meine Reise wirklich sicherer machen würde.

Von Bahía Blanca aus war ich die Küste entlang Richtung Süden gefahren, nach San Antonio und dann weiter zur Halbinsel. Das Motorrad war erstaunlich zuverlässig, und ich kam sehr gut voran. Bei jeder sich bietenden Gelegenheit füllte ich meine Benzinkanister und erfragte die Entfernung bis zur nächsten Tankstelle. Meinen eigenen Kraftstoff nahm ich in kleinen Lokalen am Straßenrand zu mir, stockte gleichzeitig meine Vorräte auf und hatte so immer ausreichend Lebensmittel für mehrere Tage dabei.

Die Landschaft von Valdés ist atemberaubend – tief gelegen und wüstenartig –, was den Kontrast der üppigen Tierwelt umso erstaunlicher macht. Die Straßen waren unbefestigt, so dass ich Staubwolken hinter mir aufwirbelte. In höheren Lagen konnte ich die langgezogenen, geschwungenen Strände und den Ozean sehen, der sich bis zum Horizont erstreckte. In spärlich bewachsenen Gegenden konnte ich mit dem Motorrad auch abseits der Straße fahren und kleine

Umwege machen, um einen besseren Ausblick zu haben. In meinem Überschwang hatte ich angenommen, die Pinguine seien leicht zu finden oder würden mir gar zur Begrüßung entgegenkommen, wie Juan Salvado es jeden Morgen auf der Terrasse tat. Stattdessen sah ich an den Stränden entlang der Küste jede Menge Flossenfüßer – Seeelefanten, Seelöwen und Robben –, die sich für die Paarungszeit und Aufzucht ihrer Jungtiere bereitmachten.

Ausgewachsene männliche Südamerikanische Seelöwen sind faszinierende Tiere und tragen ihren Namen zu Recht. Sie haben eine relativ kurze Schnauze, einen riesigen Kopf- und Schulterbereich mit einer phantastischen orange-braunen Mähne und wirken tatsächlich sehr löwenartig. Am Strand versammelt, verteidigen sie ihr Territorium und ihren Harem, indem sie ihre Nasen so hoch wie möglich recken, um ihre Rivalen zu übertrumpfen.

Dass das Gewässer um Valdés bei diesen Tieren so beliebt war, machte es zu einem ergiebigen Jagdgebiet für die Killerwale, die sich vor der Küste aufhielten. Doch ich konnte die erstaunlichen Seelöwen dabei beobachten, wie sie aus dem Wasser heraus steile Hänge hinaufkletterten, um die vielen sicheren Plateaus zu erreichen, die so typisch für die Küstenlinie von Valdés sind. Irgendwie gelang es den Alttieren, Halt an den felsigen Hängen zu finden und ihre wehrlosen Jungen, am Nacken gepackt, in Sicherheit zu bringen.

Damals trennten noch keine Zäune die Tiere von Touristen wie mir, doch ich näherte mich ihnen nie mehr als auf rund dreißig Meter. Bei dieser Entfernung legten sie den Kopf zur Seite, sogen die Backen ein und blickten mich aus ihren feuchten, funkelnden Augen an. Das war eine Geste, die ich zu respektieren beschloss.

Seeelefanten sind noch größer als Seelöwen, sehr viel größer, und viel hässlicher, mit einem hängenden Auswuchs, der aussieht wie ein großer zerknitterter Schuh, dort, wo sie eigentlich eine Nase haben sollten. Ein männliches Alttier dieser Meeresriesen kann über sechs Meter lang und vier Tonnen schwer werden – doppelt so lang und zehnmal so schwer wie ein Seelöwe. Hier erschienen mir dreißig Meter nicht als ausreichender Sicherheitsabstand, obwohl die Tiere wesentlich weniger beweglich sind als Seelöwen und diese regelrecht grazil wirken lassen.

Wo ich auch hinsah, war ich wie gebannt von unfassbar grausamen Duellen, bei denen die größten Bullen der einzelnen Arten um ihr Territorium kämpften. Ein grässlicher Kampf endete damit, dass der Verlierer einen Felshang hinuntergestoßen wurde. Die Kämpfenden bäumten sich auf und ließen sich wie Baumstämme auf ihre Gegner krachen, bissen und rissen sich gegenseitig Fleisch aus dem Leib, ohne auf die Kühe und Kälber um sie herum zu achten. Die Luft war erfüllt von diesen Begegnungen, der ganze Strand schien darunter zu erzittern, und die Wunden von Sieger und Besiegtem waren gleichermaßen schrecklich anzusehen. Es wunderte mich nicht, dass ich in der Nähe dieser Gebiete keine Pinguine fand.

Weiter im Inland lebten der *ñandú*, ein straußenartiger Laufvogel, der etwa einen Meter vierzig groß wird, und das Guanako, ein rehähnlicher Verwandter des Kamels. Da beide wesentlich höher aufragten als die Vegetation, waren sie sehr misstrauisch und wachsam, wenn ich zu nah an sie herankam. Als ich jedoch auf den Feldwegen an ihnen vorbeifuhr, schenkten sie mir kaum Beachtung.

Bei diesem ersten Besuch in Valdés bekam ich die ganze Zeit über keine Menschenseele zu Gesicht. Leider galt das auch für Pinguine, obwohl ich fast zwei Tage nach ihnen suchte. Letzteres schob ich auf meine fehlenden Ortskenntnisse und die Küstenlinie von mehreren hundert Meilen, und da ich wusste, dass es weiter südlich noch andere Kolonien geben sollte, beschloss ich, mein Glück dort zu versuchen. Am Tag darauf begab ich mich nach Punta Tombo. Ich hatte gehört, dass ich dort sicher Pinguine finden würde, da dies offensichtlich eine beliebte Brutstätte war.

Auf der Fahrt nach Punta Tombo war ich mir irgendwann sicher, dass ein Sturm aufzog. Die Temperatur war gefallen, der Himmel hatte sich verdunkelt, der Wind die Richtung geändert und in seiner Stärke entschieden zugenommen. Bei starkem Regen ist es unmöglich, mit einem Motorrad eine unbefestigte Straße zu befahren, doch in der Pampa von einem Hagelsturm überrascht zu werden kann gefährlich – sogar tödlich – sein, da Hagelkörner extrem groß werden können. Sofort sah ich mich nach Bäumen um, die mir Schutz vor dem drohenden Niederschlag bieten könnten. Beim nächsten Pfad bog ich von der Straße ab und suchte Schutz in einem Gehölz von fünf oder sechs Eukalyptusbäumen. Der Lärm des aufziehenden Sturmes erstaunte mich. Anfangs waren die Hagelkörner klein, kaum größer als Rosinen, und prasselten durch die Blätter, doch je stärker der Sturm wurde, desto größer wurden sie. Als er seinen Höhepunkt erreichte, hatten sie die Größe von Golfbällen oder Hühnereiern, die durch die Bäume schossen, Blätter und Zweige abrissen und mit ohrenbetäubendem Krach auf den Boden prallten. Im freien Fall können solche Hagelkörner beträchtlichen Schaden anrichten – sei es an Glas, Autos, Kleintieren oder

Menschen. Ich behielt meinen Motorradhelm auf, drückte mich, so gut es ging, in den Windschatten eines Baums und bekam so nahezu keinen Hagel ab. Ich hatte von Hagelkörnern gehört, die die Größe von Krocketbällen erreichen und Rinder töten konnten. Endlich flaute der Sturm ab, doch es war noch immer unmöglich weiterzufahren, da die Straße eisbedeckt war. Mir blieb nichts anderes übrig, als zu warten, bis es schmolz. Ich dachte an Juan Salvado und daran, wie er sich unter dem Terrassentisch verkroch, und nahm an, dass die Pinguine hier Schutz im Wasser suchen, wenn sie mit Kanonenkugeln aus Eis beschossen werden.

Die Nebenstraße, die nach Punta Tombo führte, war ein mit Schlaglöchern übersäter Schotterweg. Für die hundert Meilen von der Valdés-Halbinsel bis zur Landspitze brauchte ich einen ganzen Tag. Doch als ich endlich ankam, war die Aussicht so atemberaubend, so spektakulär, so übervoll von Magellan-Pinguinen, dass ich mir sicher war, dass sich der Weg auch gelohnt hätte, wenn ich das Motorrad die ganze Strecke hätte schieben müssen.

Den ganzen Küstenstreifen entlang tummelten sich unzählige Pinguine. Während Valdés so groß ist, dass es Monate dauern würde, das Gebiet zu erkunden, ist Punta Tombo eine nur zwei Meilen lange Halbinsel. Warum dieser kleine Bereich den Pinguinen so viel erstrebenswerter erschien, ist mir ein Rätsel – vielleicht war es wirklich die Abwesenheit von Robben –, doch wie dem auch sei, ich schätze, eine Million Pinguine können in ihrer Wahl kaum falschliegen. Jeder einzelne Pinguin legte eine der charakteristischen Verhaltensweisen an den Tag, die ich bereits von Juan Salvado kannte. Einige Pinguine standen mit ausgebreiteten Flügeln da wie Vogelscheuchen und beobachteten die anderen Vögel, die Köpfe ständig in Bewegung; dann gab es Pinguine, die langsam spazierten; Pinguine, die rannten; Pinguine, die sich ins Meer stürzten, schwammen oder wieder aus dem Wasser herauskletterten und nach ihren Gefährten riefen; es gab Pinguine, die entschlossen den Strand hinaufmarschierten, um ihre hungrigen Küken zu füttern; Pinguine, die sich mit den Füßen am Kopf kratzten oder ihre Köpfe und Hälse an Brust und Seiten rieben; Pinguine, die ihre Hinterteile schüttelten und Pinguine, die sich putzten.

Es wäre falsch, das »Putzen« vorschnell abzutun, da die Pinguine so viel Zeit auf diese Tätigkeit verwendeten. Mit ihren Schnäbeln putzten sie Brust, Rücken und Vorderseite. Sie putzten vor den Flügeln, hinter den Flügeln, unter den Flügeln, auf den Flügeln und um die Flügel herum, über den Schultern, um die Hälse, um die Beine, zwischen den Beinen, unter den Bäuchen und um die Schwänze herum – kurz, jeden Körperteil, den sie mit ihren beweglichen Schnäbeln erreichen konnten. Und für die Federn, die außer Reichweite ihrer Schnäbel lagen, nahmen sie die Krallen.

Dank Juan Salvado hatte ich die Gelegenheit gehabt, mir Pinguinfedern genauer anzusehen, und hatte festgestellt, dass sie nicht willkürlich wachsen, sondern in Reihen und Kolonnen, die gemeinsam ein Muster rund um ihren Körper bilden. Ich beobachtete, wie sich jeder Vogel, genau wie Juan Salvado es jeden Tag tat, mit ungebrochener Aufmerksamkeit nach einem eigenen System durch jede einzelne Feder arbeitete, bis sie in perfektem Zustand war: wasserfest und geschmeidig, so dass jede Bewegung fließend möglich war, ohne dass etwas verklebte oder hakte. Genauso wie Federn den Vögeln die Herrschaft über die Lüfte ermöglichen, geben sie ihnen Herrschaft über das Wasser. Weil ich die Möglichkeit hatte, diesen Prozess aus der Nähe zu betrachten, verstand ich, welch erstaunliche Meisterleistung der Evolution die Entwicklung von Federn war – Federn im Allgemeinen und Pinguinfedern im Besonderen. Ich konnte sie nur bewundern. Wenn Pinguine sich eine weitere Million Jahre entwickelten, wäre dann wohl eine weitere Verbesserung möglich? Ich konnte mir nicht vorstellen, wie man ihre Leistungsfähigkeit noch optimieren sollte.

Doch hier in Punta Tombo entdeckte ich etwas, das ich aus der Beobachtung Juan Salvados noch nicht hatte lernen können. Ich hatte noch nicht mitansehen können, wie vertraut die Vögel miteinander umgingen. Die vielen Elternvögel kümmerten sich um ihre Küken, doch selbst jene, die keinen Nachwuchs hatten, schienen ständig durch Blicke mit den anderen Vögeln in Kontakt zu stehen. Keine Handlung eines Pinguins währte länger als ein paar Sekunden, bis er innehielt und seinen Nachbarn einen Blick zuwarf. Nachdem der Vogel dann die gewünschte Beruhigung, Vergewisserung oder Anerkennung bekommen hatte, widmete er sich entweder wieder dem, was er vorher getan hatte, oder fing etwas Neues an. So sah das Sozialleben der Pinguine aus, und das war es, was Juan Salvado ganz offenkundig brauchte und wofür er in uns Menschen Ersatz fand. Doch er tat mir wahnsinnig leid, denn Menschen sind nicht zu dem durchgehenden Austausch fähig, mit dem Pinguine kommunizieren. Ich fragte mich, wie lange ich unter Pinguinen leben könnte, bis ich mich nach menschlicher Gesellschaft sehnen würde, das Äquivalent zu Juan Salvados Situation in St. George's.

Der Boden um die Strände von Punta Tombo war mit Löchern und Senken übersät, in denen die Pinguine schliefen und nisteten. Während manche nur ihre Schwanzfedern verstecken konnten, hatten sich andere so tief in den Löchern niedergelassen, dass nur noch eine Schnabelspitze hervorragte. Diese Vögel wirkten am wenigsten aktiv. Vielleicht saßen sie auf Eiern oder Küken oder bewachten ihre Bleibe; ich konnte nur mutmaßen und wollte sie nicht stören, um dieser Frage auf den Grund zu gehen.

Die Pinguine waren nicht allein in Punta Tombo. Kleinere Guanako-Herden zogen vorbei, außerdem Kaninchen und gelegentlich *ñandús* unterschiedlichen Alters und Größe. Obwohl die anderen Spezies den Pinguinen häufig sehr nahe kamen, waren diese Zusammentreffen immer friedlich. Nur bei einer Gelegenheit konnte ich beobachten, wie sie interagierten: Eine ungewöhnlich aufgeregte Gruppe von Pinguinen erregte meine Aufmerksamkeit, da sie sich völlig anders verhielten, als ich es bisher gesehen hatte. Eine kleine Gruppe von etwa dreißig Vögeln hatte eine tränenförmige Phalanx gebildet, die irgendeine Art von Beute verfolgte. Die Anführer stürzten nach vorn und pickten nach ihrem Opfer, fast als wollten sie es in einem Tackling umreißen. Als die erste Reihe fiel, preschte die zweite Reihe Vögel an ihnen vorbei, um den nächsten Angriff zu wagen, und die zu Boden gegangenen Pinguine ordneten sich hinten erneut ein. Auf diese Weise legten sie rund fünfzig Meter zurück, während andere Pinguine das Spektakel aus sicherer Entfernung beobachteten, ohne Anstalten zu machen, sich einzumischen.

Ich hatte keine Ahnung, was die Pinguine taten, bis ich einen Blick auf ihr Opfer erhaschen konnte: Ein Gürteltier lief vor den hackenden Schnäbeln davon. Es lief aufs Gebüsch zu, und erst als es den Schutz des dichten, dornigen Unterholzes erreicht hatte, ließen die entschlossenen Pinguine von ihm ab. Hatte es wohl Eier oder Küken gestohlen? Ich wusste nicht, ob eins von beidem auf dem Speiseplan dieser gepanzerten Tiere stand. Jedenfalls duldeten die Pinguine seine Anwesenheit in ihrer Kolonie nicht und jagten es hinaus. Nachdem ich selbst einem Pinguinschnabel zum Opfer gefallen war, hatte ich großes Mitleid mit dem Eindringling und rieb mir den vernarbten Finger, wohl wissend, wie leicht er zu verletzen war.

Als ich durch die Pinguinkolonien streifte, reagierten die Vögel kaum auf mich, es sei denn, ich näherte mich zu sehr. Kam ich ihnen zu nahe, wichen sie mir einfach aus, so dass ich immer Platz um mich herum hatte. Sie ließen mich niemals so nah an sich heran, dass ich sie hätte anfassen oder hochheben können, schienen ansonsten jedoch so ungerührt von meiner Anwesenheit zu sein wie von den Guanakos. Wenn ich auf dem Boden saß, ließen sie sich nicht von dem abbringen, was sie gerade taten, und ignorierten mich. Das waren herrliche Augenblicke, in denen ich mich vollkommen eins mit meiner Umwelt fühlte.

Meine Zeit mit diesen Vögeln verging viel zu schnell. Ich streifte über die winzige Halbinsel und an der Küste entlang. Jede kleine Vertiefung, jede Ebene war mit Pinguinen übersät. Es wäre nicht möglich gewesen, auch nur einen weiteren Pinguin auf die Landzunge zu quetschen.

In jener Nacht zeltete ich wieder in der Wildnis von Punta Tombo, ein kleines Stück von den Pinguinen entfernt, und einige neugierige Vögel kamen herüber und sahen mir bei der Arbeit zu. Zwar verloren sie bald das Interesse, wurden jedoch ebenso bald durch die nächsten ersetzt, während ich mein Zelt aufbaute und mir zum Abendbrot Kartoffeln in Meerwasser kochte, die ich mit Butter und Dosenfisch aß.

Am Morgen sahen sie zu, wie ich frühstückte, das Zelt abbaute und wieder aufbrach. Nachdem ich den südlichsten

Punkt meiner Reiseroute erreicht hatte und dem Atlantik so nah wie möglich gekommen war, fuhr ich nun wieder in nördlicher Richtung, um die Westseite des Landes zu erkunden.

An jenem Tag machte ich kurz vor Sonnenuntergang halt, die Ausläufer der Kordilleren, der gewaltigen Anden, waren gerade eben in Sichtweite. Mit dem Motorrad fuhr ich etwa fünfhundert Meter von der Straße ab und baute mein Zelt zwischen Büscheln von Pampasgras auf, das in unglaublicher Geschwindigkeit bis zu einer Höhe von zwei Metern und mehr wächst. Von der Straße aus war mein Zelt nicht zu sehen, und es war unwahrscheinlich, dass mich jemand zufällig finden würde.

Ich hatte ein kleines, robustes Segeltuchzelt mit integrierter Unterlegplane, das war damals sehr modern. Es hatte keine Reißverschlüsse, sondern wurde mit Schleifen zugebunden.

Ich bereitete mir etwas zu essen auf meinem kleinen Spirituskocher zu, schrieb in mein Reisetagebuch, überprüfte mein Motorrad einschließlich der Reifen und ging dann schlafen. Draußen war es kühl, doch im Schlafsack war es sehr gemütlich. Der abnehmende Mond war noch nicht aufgegangen, die Sterne waren die einzige Lichtquelle. Ansonsten war es stockfinster. Ich war müde und schlief schon bald tief und fest.

Plötzlich war ich hellwach. Die Mondsichel war aufgegangen, während ich schlief, und stand nun über dem Horizont.

Wieso war ich aufgeschreckt? Ich horchte. Ich hörte Schritte – langsame, verstohlene, behutsame Schritte – kein Zweifel … ganz leise … die sich dem Zelt näherten – mehr als ein Paar Füße!

Angestrengt versuchte ich die Anzeichen zu deuten, um herauszufinden, wer sich wohl näherte. Mein Herz raste, und ich atmete schnell und flach, um möglichst leise zu sein.

Ich hörte andere nächtliche Geräusche. Eine laue Brise strich durch das Pampasgras, Insekten schwirrten umher. Da war es wieder, Schritte auf der weichen, trockenen Erde. Ich spürte sie fast mehr, als dass ich sie hörte. Doch sie waren recht deutlich, unverkennbar.

Wer könnte sich an mich heranschleichen, und warum? Wenn ihre Absichten ehrenhaft gewesen wären, hätten sie doch aus ausreichender Entfernung gerufen und auf sich aufmerksam gemacht und sich nicht wie Diebe in der Nacht angeschlichen?

Das Geräusch kam von rechts, da war ich mir sicher. Leise öffnete ich meinen Schlafsack. Ich spürte jeden einzelnen Zahn des Reißverschlusses loslassen, bis ich mit den Beinen hinausschlüpfen konnte. Ich trug T-Shirt und Shorts. Meine Gedanken überschlugen sich. Mindestens zwei Gegner! Was für Waffen hatte ich? Lediglich ein *facón*, ein robustes Gaucho-Messer, mehr nicht. Wozu sollte das gut sein? Wenn sie bewaffnet waren und vorhatten, mich auszurauben, konnten sie mich erschießen und sich nehmen, was sie wollten. Niemand würde je meine Knochen finden. Höchstwahrscheinlich war ich der erste Mensch, der einen Fuß auf dieses Stück Land gesetzt hatte, so abgelegen waren die Provinz Chubut und die Landschaft, in der ich mich aufhielt.

Die Schritte kamen jetzt näher. Sie waren deutlich zu hören, als schlichen die Unbekannten wie Füchse durchs trockene Gras.

Jeden Augenblick würde ich um mein Leben kämpfen. Der Überraschungseffekt war meine einzige Chance. Ich durfte nicht in meinem Zelt bleiben wie in einer Falle, dort wäre ich hilflos. Wäre ich doch nur nicht so dumm gewesen und hätte mir eine Pistole besorgt, dann säße ich jetzt nicht in der Patsche! Ich hätte niemals so leichtsinnig sein dürfen, allein zu reisen. Ich verfluchte meine Abenteuerlust. Die Schritte waren nur noch wenige Meter entfernt, und alles was ich hatte, waren ein lausiges Messer und eine funzelige Taschenlampe.

Ich plante mein Vorgehen, während ich die Knoten löste, mit denen das Zelt verschlossen war. Ich würde mit Taschenlampe und Messer bewaffnet aus dem Zelt springen und so laut »Peng« schreien, wie ich konnte. Vielleicht gab mir der Überraschungseffekt genügend Zeit, als Erster anzugreifen.

Ich war bereit, und die Schritte kamen inzwischen vom Kopf des Zelts. Ich hörte jemanden atmen. Keine fünf Meter entfernt! Jetzt oder nie!

Mit eingeschalteter Taschenlampe sprang ich aus dem Zelt und brüllte »Peng! Peng! Peng!«, als hinge mein Leben davon ab, was es ja auch tat. Mein Messer blitzte im Licht der Taschenlampe auf, und ich stürzte mich auf meine Angreifer. Euan, mein Saufkumpan aus Buenos Aires, wäre stolz auf mich gewesen.

Prompt wurde ich von zwei riesigen weißen Lichtern geblendet, die mich aus der Dunkelheit anleuchteten. Ich brauchte nur eine Sekunde, um zu verstehen, dass das Licht meiner Taschenlampe von den Augen eines verängstigten umherstreifenden Rinds reflektiert wurde, das mitten in der Nacht von einem völlig bekloppten Engländer angegriffen wurde, der offensichtlich ein Blutbad oder Schlimmeres im Sinn hatte. Mit einem wilden Panikschrei ergriff das Rind die Flucht. Seine Schritte, die ich erneut genauso spüren wie hören konnte, entfernten sich schnell in der Dunkelheit.

Vor Angst, Gelächter und morgendlicher Kälte zitternd, verfolgte ich den flüchtigen Rindvieh-Schurken mit dem Strahl meiner Taschenlampe, bis er außer Sicht- und Hörweite war. Ich knipste die Lampe aus und sah zur Mondsichel hinauf, die den Büscheln von Pampasgras nun etwas Form verlieh. Orion, der himmlische Jäger, stand hoch am Himmel der Südhalbkugel. Stolz ragte er über mir empor, mit gerecktem Schwert zum Kampf bereit, genau wie ich hier unten, sein irdisches Spiegelbild.

»Wer braucht schon eine Pistole, wenn er ein Schwert hat?«, schien er zu fragen. Offenbar hatte er nicht die geringste Ahnung, wie sehr ich mich gefürchtet, wie nahe ich mich dem Tod gewähnt hatte. Beschämt kroch ich wieder in meinen Schlafsack und beschloss, niemandem zu erzählen, dass dieses Rind beinahe in die ewigen Jagdgründe eingegangen wäre – hätte ich eine Schusswaffe dabeigehabt.

Tags darauf machte ich mich auf die lange Fahrt zurück nach Bahía Blanca. Die Hauptstraßen in den weiter abgelegenen Teilen Argentiniens ziehen sich meilenweit schnurgerade hin, und manchmal vergehen Stunden, ohne dass man andere Verkehrsteilnehmer trifft. Das Wetter war schön, und weiße, bauschige Wolken breiteten sich ohne Eile bis zum fernen Horizont aus. Ich genoss die Aussicht auf die flache, gleichförmige Pampa-Landschaft, die an mir vorüberzog, und grübelte dabei über Juan Salvados Zukunft nach. Ich war froh, dass der Ausflug mir bewiesen hatte, dass ich den

Pinguin mit den mir zur Verfügung stehenden Mitteln zu seinen Artgenossen bringen konnte, wenn mir eine Möglichkeit einfiele, ihn die weite Strecke zu transportieren, doch der Gedanke an einen Abschied machte mich traurig. Es wäre sicherlich keine angenehme Fahrt für den Pinguin, und ich musste mir sicher sein, dass es trotz der Beschwerlichkeit einer solchen Reise die beste Möglichkeit war.

Ich war immer noch eine Stunde entfernt von Bahía Blanca, als ich einen plötzlichen Ruck spürte und der Motor ausging. Unterschiedliche Gefühle durchströmten mich – in erster Linie Frust und Hoffnungslosigkeit –, als ich mir vorstellte, das Motorrad meilenweit schieben zu müssen. In Augenblicken wie diesem wurde mein Gefährt zur Sisyphusstrafe. Ich nahm den Gang raus, ließ das Motorrad so lange wie möglich ausrollen und versuchte zu ergründen, was das letzte Motorengeräusch, das ich gehört hatte, bedeutete. Es war kein Stottern gewesen, eher ein plötzliches Abschalten, daher war es wahrscheinlicher, dass es ein Problem mit der Elektrik gab, als dass der Tank leer war, doch was war das für ein metallisches *Klink* gewesen, das vorangegangen war? Ich überprüfte Zündkerze und Benzinleitung und war zunehmend besorgt, als sich keines dieser normalen, leicht zu behebenden Probleme als Ursache für das Motorversagen erwies. Innerhalb kurzer Zeit entdeckte ich den kaputten Kipphebel am Auslassventil, den ich unmöglich am Straßenrand reparieren konnte. Entmutigt schob ich die Maschine die flache Straße entlang.

Ich war noch keine zwanzig Minuten unterwegs, als zu meiner großen Freude und enormen Erleichterung ein Auto erst an mir vorbeifuhr und dann anhielt. Nachdem der Fahrer seinen Heiterkeitsausbruch darüber, dass ich mich bei einer solchen Mission auf ein Motorrad verließ, überwunden hatte, bot er mir an, mich in die Stadt zu schleppen. Er versprach, langsam zu fahren. Ich hielt das Seil in zwei Schlingen um den Lenker fest, die ich im Notfall loslassen konnte, und schon fuhren wir in halsbrecherischem Tempo los. Einzig der Gedanke daran, mein Motorrad die nächsten dreißig Meilen schieben zu müssen, hielt mich davon ab, meinen Retter ziehen zu lassen. Doch als wir Bahía Blanca erreichten, fuhr er zu meinem Erstaunen vernünftig und setzte mich sogar am Bahnhof ab, wo ich wie geplant meinen Zug erwischte. Ich konnte mich glücklich schätzen. Hätte ich die Panne an einem richtig abgelegenen Ort gehabt, hätte ich womöglich tagelang auf Hilfe warten oder das Motorrad zurücklassen müssen.

Während der langen Zugfahrt zurück nach Buenos Aires traf ich die Entscheidung, nicht weiter zu versuchen, Juan Salvado mit wilden Pinguinen zu vereinen. Diese letzte Panne hatte jeden Gedanken daran, dem unzuverlässigen Motorrad zu vertrauen, ad absurdum geführt. Von all den Möglichkeiten, die ich in der Teestube bei Harrods ersonnen hatte, hielt ich es für die beste, ihn in St. George's zu behalten. Juan Salvado war ganz und gar nicht unglücklich dort, und wenn ich ehrlich war, konnte ich mir nicht vorstellen, mich von ihm zu trennen. Ich hatte mir lange genug den Kopf über ungelegte Eier zerbrochen.

Ich würde weitermachen wie zuvor und darauf vertrauen, dass Juan Salvado mir sagte, was das Beste für ihn war. »Sorgt euch also nicht um morgen; denn der morgige Tag wird für sich selbst sorgen.« Das würde unser Motto sein.

AUF DER SUCHE NACH
DEM ELDORADO

Kapitel 15
In dem ich finde, wonach ich gesucht habe

Ich war nach Südamerika gekommen, um Menschen zu treffen, das Land zu erkunden und wilde Tiere zu sehen, die ich noch nie zu Gesicht bekommen hatte. Aufgewachsen inmitten der hügeligen Felder und bewaldeten Täler von Sussex, sehnte ich mich danach, die dünne Luft der mächtigen Anden zu erleben, das riesige öde Flachland von Patagonien, das verschneite, pinienbewaldete Feuerland und den trockenen, wehenden Wüstensand der Atacama. Ich brannte darauf, die gewaltigen Wasserfälle von Iguazú, den Misti-Vulkan und die Inka-Zivilisation von Cusco und Machu Picchu zu sehen. Ich war gespannt auf den Zauber des Titicacasees und das Donnern des beeindruckenden Perito-Moreno-Gletschers. Es war mein größter Wunsch, die Menschen an diesen Orten kennen- und verstehen zu lernen und all die Gegenden dazwischen zu erforschen. Ich wollte von den Bewohnern, deren Sprache und Bräuche mir völlig fremd waren, lernen und die Gelegenheit haben, die Flora und Fauna des Kontinents selbst zu entdecken.

Ich wünschte mir nichts sehnlicher, als der geordneten Sicherheit des sanften, ländlichen Englands zu entfliehen und endlich Verantwortung für meine eigenen Entscheidungen zu übernehmen. Ich wollte ihn finden, meinen »weniger begangnen Weg«, und sehen, wohin er führte. Ich wollte echte Herausforderungen ohne Netz und doppelten Boden erleben. Wo bleiben die Herausforderung und die Aufregung, wenn immer genug Kühe auf der Weide und Hühner im Stall sind, wenn das Essen immer auf dem Tisch steht? Ich wollte günstig und ohne Komfort reisen, herausfinden, was das Schicksal für mich bereithielt, wenn ich ihm die Gelegenheit gab.

Die Realität war natürlich häufig ganz anders, als ich es erwartet hatte, und es gab Momente, in denen meine Entschlossenheit hart auf die Probe gestellt wurde.

Bei meinem ersten Ausflug in die Hochanden im Süden von Bolivien, Juan Salvado war bei Freunden untergebracht, war ich unterwegs nach Potosí, einer Stadt, die für ihre Silberminen bekannt ist; von dort aus wollte ich nach Argentinien zurückfliegen. Ich hatte die Nacht in einer behelfsmäßigen Unterkunft in einem Kuhkaff ganz in der Nähe meines Zielorts verbracht. Als ich am nächsten Morgen aufbrach, nahm ich nahezu mein gesamtes restliches Geld aus dem Geldgürtel, steckte es in die Tasche und machte mich auf den Weg zu einem Reisebüro, wo ich Bus- und Flugtickets kaufen wollte. Zufällig kam gerade ein Karnevalszug vorbei, und ich hielt an, um zuzusehen. Es herrschte gewaltiges Gedränge, weil jeder versuchte, den Platz mit der besten Sicht zu ergattern, und die Parade zog geräusch- und prunkvoll vorbei. Das Leuchten von Farben und Licht in diesen Höhenverhältnissen ist genauso unvergesslich wie der Klang der Flöten und Trommeln. Selbst mein farbloser alter blauer Mantel schien zu schimmern wie das Gefieder eines Pfaus.

Nach einer Weile wollte ich gehen, stellte jedoch mit einem Griff in die Tasche entsetzt fest, dass ich bestohlen worden war. Ich wusste, es hatte keinen Sinn »Stopp! Haltet den Dieb!« zu rufen, sei es auf Englisch oder Spanisch, da praktisch niemand in der Menge Ersteres und nur sehr wenige Letzteres sprachen. Ein geschickter kleiner Taschendieb hatte zugeschlagen und sich dann verdrückt. Welchen Sinn hätte es gehabt, die örtliche Polizei zu verständigen? Der Gauner war garantiert längst über alle Berge. Schnell kam ich zu dem Schluss, dass ich nichts tun konnte, außer die Sache als Erfahrung zu verbuchen.

Insgesamt hatte ich ungefähr sechzig US-Dollar verloren, die damals natürlich wesentlich mehr Kaufkraft hatten. Bis auf etwas Kleingeld und die Kleidung, die ich am Leib hatte, war mir nichts geblieben. Ich hätte womöglich an Geld kommen können, wenn ich mir eine Bank gesucht hätte, um mich dann mit dem Kommunikationssystem zwischen dem Pueblo, London und Buenos Aires herumzuschlagen. Vielleicht hätte ich auch in mein billiges Hotel zurückkehren und dort versuchen können, Hilfe zu bekommen. Stattdessen beschloss ich, auf eigene Faust zur Grenze zu gelangen, wo ich auf mein argentinisches Konto zugreifen konnte. Dies hatte einige sehr lange Fußmärsche zur Folge, die gelegentlich unterbrochen wurden, wenn ich in klapprigen Lastwagen und altertümlichen Pritschenwagen, die vorbeirollten, mitgenommen wurde – ich war den Besitzern überaus dankbar.

Spätnachmittags am ersten Tag erreichte ich ein kleines Dorf mit ungefähr sechs Häusern. Diese unscheinbare Oase mit kleiner Quelle und spärlichem Grün lag einige Meilen abseits meiner geplanten Route, doch der Fahrer, der mich mitgenommen hatte, hatte mir versichert, dass ich dort vielleicht ein Bett für die Nacht finden könnte. Tatsächlich, für ein paar Münzen bekam ich Essen und eine Unterkunft bei einer Familie, die in einer sehr einfachen Bauernhütte wohnte.

Die Familie hatte sieben Mitglieder: die Mutter und ihre sechs Kinder, drei Jugendliche und drei jüngere. Später am Abend erfuhr ich, dass es noch mehr Geschwister gegeben hatte, die jedoch gestorben waren. Auch der Vater war einige Jahre zuvor gestorben. Mir wurde kein Grund genannt, und ich fragte nicht nach.

Sie trugen eine Mischung aus selbstgemachter und abgelegter Kleidung. Die Jüngeren waren barfuß, und die Schuhe der Älteren waren so kaputt und nicht mehr zu gebrauchen, dass ich mich beinahe fragte, wieso sie sie überhaupt noch anhatten, es sei denn, es war eine Frage des Stolzes. Ihr Haus war aus sonnengetrockneten Lehmziegeln gebaut, und auch die Dachziegel waren aus Lehm gemacht. Es hatte vier kleine Zimmer und war nach und nach mit den Bedürfnissen der Familie gewachsen, weshalb Wände und Pultdächer nicht zusammenpassten. Gekocht wurde über einem offenen Feuer in einem großen Metalltopf, der Eintopf darin wurde jeden Tag mit einer neuen Zutat gestreckt. An jenem Abend aßen wir eine Mischung aus Ziegenfleisch und Mais, Bohnen und Polenta. Als die Sonne unterging, drängten wir uns alle zusammen in einen Raum und setzten uns auf Kissen und Decken. Auch einige neugierige Nachbarn waren gekommen. Dort versuchten wir gut gelaunt, einander zu verstehen.

Ich erfuhr, dass die Kindersterblichkeit hoch war. Ich fand heraus, dass meine neuen Freunde Analphabeten waren, zählen konnten sie allerdings. Sie lebten davon, viele Ziegen und ein paar Hühner zu halten und anzubauen, was sie konnten. Nachts wurden die Tiere am Haus eingepfercht, um sie vor

Pumas zu schützen. Diese großen Wildkatzen können leicht eine Ziege reißen (und ein kleines Kind, vermutete ich).

Sie zeigten mir den einfachen Webstuhl, mit dem sie die Decken machten und den ich interessant fand und gerne in Betrieb sehen wollte. Die kleinen Kinder amüsierten sich köstlich darüber, dass ich zwar lesen, aber nicht weben konnte; meine Prioritäten schienen sehr seltsam gesetzt zu sein! Die Männer rauchten Pfeife, kauten Kokablätter und tranken selbstgebrannten Zuckerrohrschnaps – nur unwesentlich mehr als die Frauen. So plätscherte der Abend dahin. Die Kinder kuschelten sich aneinander und schliefen ein, genau wie später, als der Alkohol zu wirken begann, auch die Erwachsenen. Unter Fellen und Decken schmiegten wir uns aneinander, um uns vor der extremen Nachtkälte der Altiplano-Hochebene zu schützen. Es war definitiv eine neue Erfahrung für mich, zusammengedrängt mit so vielen Fremden in einem Zimmer zu schlafen. Ihre Großzügigkeit rührte mich – einen leicht egozentrischen jungen Mann um die zwanzig –, denn obwohl sie so wenig hatten, teilten sie es an dem Abend mit einem Reisenden.

Am Morgen standen die Frauen zuerst auf, schürten das Feuer und buken Brot fürs Frühstück. Die Männer kamen langsamer in die Gänge und schienen wesentlich mehr unter den Folgen des Alkohols zu leiden. Ich freute mich sehr, als sie mich nach dem Frühstück durchs Dorf führten. Man musste die stabilen Ziegenpferche, die ordentlichen Reihen von Getreide, die handgewebten Stoffe und den noblen Geist der Dorfbewohner, mit dem sie von ihrem Leben berichteten, einfach bewundern. Die begehrtesten Teile des Kontinents waren von den Europäern im Namen ihrer Gottheiten und Herrscher besetzt worden, und obwohl den Ureinwohnern, die die Gewalt und eingeschleppten Krankheiten überlebt hatten, nur die unwirtlichsten Regionen geblieben waren, lebten ihre Nachkommen noch immer mit entschiedener Unabhängigkeit die traditionelle Lebensweise. Deshalb berichteten sie mit echtem Kummer, wie sich ihr Leben nun änderte, da die jüngeren Generationen darauf bestanden, sich Arbeit in den Städten zu suchen, statt das Dorf zu unterstützen, das sie aufgezogen hatte.

Der Besuch war eine Bereicherung für mich gewesen, und er hatte mir auch aufgezeigt, was Bescheidenheit bedeutet, und mich für meinen monetären Verlust mehr als entschädigt. Mit einem guten Gefühl setzte ich meine Reise fort.

Tagsüber bietet die sehr dünne Luft der Hochanden nur wenig Schutz vor der brennenden Sonne, und nachts leuchten die Sterne ebenso ungehindert. In diesen Gebirgszügen hat man einen besseren Ausblick in den Nachthimmel als irgendwo sonst auf der Erde, weshalb sich dort auch noch heute so viele internationale Sternwarten befinden, um die große Höhe zu nutzen. Das Firmament ist von einer perfekten Tintenschwärze, vor der die Milchstraße erstrahlt, als hätte Apollo mit einem dicken Pinsel weiße Farbe über den Himmel gewischt. Die Sterne der bekannten Sternbilder verlieren sich zwischen den hunderttausend Millionen Sternen unserer Galaxie, die allesamt sichtbar zu sein scheinen.

Fasziniert stellte ich damals fest, dass mit dem bloßen Auge überhaupt keine dunklen Stellen in der Milchstraße zu erkennen sind. Abseits dieser Hauptscheibe der Galaxie leuchten andere Sterne aus der Dunkelheit, strahlend, stetig und funkelnd. Selbst ohne den Mond ist es hell genug, um sich ohne Schwierigkeiten zu Fuß auf Straßen und Wegen orientieren zu können. Doch ohne die schützende Atmosphäre, die in niedrigeren Höhen nahezu die gesamte strahlende Schönheit des Kosmos verschleiert, kann die bittere Kälte unerträglich sein.

In der zweiten Nacht suchte ich mir keine Unterkunft. Ich schäme mich, es zuzugeben, aber der Geruch der ungewaschenen Menschen, Kleider, Decken und schlechtgegerbten Felle der vorangegangenen Nacht war beißend und unangenehm gewesen. Meinen Gastgebern war es mit mir vermutlich nicht anders gegangen. Daher dachte ich, eine Nacht im Freien könne kaum schlimmer sein, und beschloss, mich vom Licht der Sterne und des abnehmenden Mondes, der ein oder zwei Stunden vor Tagesanbruch aufging, zu Fuß durch die Nacht leiten zu lassen. Doch in der Dunkelheit wurde mir kalt, sehr, sehr kalt; mir wurde so extrem kalt, dass ich auf einmal verstand, wie Menschen erfrieren können. Wie sehr ich mich auch bemühte, ich schaffte es nicht, mich warm zu halten. Laufen oder Rennen war unmöglich, da ich wegen der dünnen Luft sehr schnell erschöpft war. Doch ohne Bewegung, obwohl es so kalt ist, dass sie bitter nötig wäre, ist ein schlecht ausgerüsteter Wanderer schnell in einer gefährlichen Situation. Als der Himmel im Osten endlich heller wurde, war mir so kalt, dass es mir kaum noch gelang, einen Fuß vor den anderen zu setzen; ich konnte unmöglich weitergehen. Ich stand da, während die Oberkante der Sonne endlich über den Horizont trat und ich nahezu augenblicklich ihre wiederbelebende Wärme auf meinem Gesicht spürte. Als die Sonne aufging, genoss ich sie wie eine Eidechse auf einem Stein. Ich hatte es geschafft.

Das war keine schöne Erfahrung und keine, die ich bewusst ohne geeignete Schutzmaßnahmen wiederholen würde, ungeachtet der dadurch erlebten ehrfurchtgebietenden Erhabenheit des Universums, wie es nur wenige zu Gesicht bekommen. Später erschien mir die Nacht in der rustikalen Hütte sehr viel erstrebenswerter. Ich hatte mich noch nie wissentlich in Gefahr begeben, und es war eine unvernünftige Entscheidung, das gebe ich zu, aber trotzdem habe ich die Erfahrung völliger Unabhängigkeit im Nachhinein sehr genossen und trage die Erinnerungen an dieses Abenteuer seither im Herzen.

Doch obwohl es Situationen gab, bei denen nicht alles nach Plan lief, gab es auch andere, die nicht besser hätten ablaufen können. Schließlich war zum Beispiel der Zeitpunkt meines Aufenthalts in Punta del Este entscheidend für meine schicksalhafte Begegnung mit Juan Salvado. Vorher war ich einer Einladung der Williams-Familie nachgekommen, deren Sohn Danny im letzten Jahr in St. George's war, und hatte drei tolle Wochen in Paraguay verbracht.

Alfred Williams, Dannys Vater, hatte einen Geschäftstermin in Buenos Aires so gelegt, dass er uns zum Trimester-Ende alle in seinem Flugzeug mit nach Paraguay nehmen konnte. Dank seiner Niedrigflug-Fähigkeiten konnte ich sehen, wie der Río Paraguay im Laufe der Jahrtausende Dutzende Meilen von seinem aktuellen Flusslauf abgewichen war und auf beiden Uferseiten gewaltige, undurchdringliche Feuchtgebiete und Tausende tote Flussarme hinterlassen hat, die im Sonnenlicht glitzernd unter uns lagen. Dieses Flachland war ein Paradies für die Tierwelt. Aus dem Flugzeug konnte ich riesige Vogelschwärme beobachten, die sich aus dem dichten Dschungel in die Luft erhoben, und Herden von Capybaras – Verwandte des Meerschweinchens, die die Größe von Hausschweinen erreichen können – flohen, als wir sie in ihrer feuchten Heimat aufschreckten. Ich konnte mein Glück kaum fassen.

Nach einigen Tagen im großen Haus der Williams' in Asunción, der Hauptstadt von Paraguay, flogen Alfred, Danny, Jack – ein Schulfreund von Danny – und ich in den äußersten Südosten des Landes, um ein paar Wochen das Leben der Gauchos im *campo*, was bewirtschaftetes Land bedeutete, zu leben. Chongo, der Pilot, suchte das Vieh – Herden von Tausenden Rindern –, indem er systematisch über das Land der Estancia flog, ehe wir auf einer Grasfläche neben der Hacienda landeten.

Wir packten den benötigten Proviant ein – Mais, Obst und Grundnahrungsmittel, um die Vorräte der Arbeiter aufzustocken, sowie etwas Schokolade, ein ungewohnter Luxus für sie. Einige Stunden darauf hatten wir schließlich die kräftigen kleinen Ponys gesattelt und brachen auf, um die Herde wiederzufinden. Wir kamen nicht besonders schnell durch die wilde Landschaft voran, eine Mischung aus Unterholz und Grasland, ausgehöhlt von Gürteltier-Bauen. Erst am Vormittag des zweiten Tages erreichten wir die Herde.

Unter den Gauchos zu leben, die für die Rinderfarm der Williams' arbeiteten, war eine großartige Erfahrung. Die Estancia war ganz anders als englische Farmen. Es gab keine Zäune, sondern einfach nur Savanne, mit verdorrtem Gras und strauchartigen Bäumen, die etwa zehn Meter hoch wurden. Während eine englische Farm um die hundert Hektar bemisst, können südamerikanische Estancias Hunderte Quadratmeilen einnehmen: Im Fall der Williams' waren es rund hundertfünfzig. Sie war etwas größer als die Isle of Wight.

Die Gauchos lebten mit dem Vieh zusammen und trieben es jeden Tag auf neue Weiden. Das Land war karg, und sie mussten ständig nach frischem Gras suchen. Die Männer lebten im Sattel und holten nur alle paar Wochen neue Vorräte aus der Hacienda. Sie waren phantastische Reiter, wie man es von jedem erwarten kann, der von Kindesbeinen an im Sattel sitzt. Im Leben eines Gauchos gehen Arbeit, Essen, Schlafen und Unterhaltung oft nahtlos ineinander über, und oft war kaum auszumachen, was davon sie gerade taten, ob nichts, mehrere Dinge oder gar alles gleichzeitig.

Bei Sonnenuntergang schlugen sie ihr Lager auf, machten Feuer und Essen, sangen und schliefen schließlich unter den Sternen. Das Leben der Gauchos und *peones* (Erstere sind ausgebildete Cowboys, Letztere ungelernte Arbeiter) war sehr einfach und extrem hart. Das Epos *Martín Fierro* aus den 1870er Jahren beschreibt dieses Leben, das sich auch ein Jahrhundert später nicht wesentlich geändert hatte:

> *Es erfüllt mich mit Stolz, in Freiheit zu leben wie die Vögel im Himmel. Ich bau' mir kein Nest auf dieser Erde, wo man so viel erdulden muss. Niemand holt mich ein, wenn ich mich zum Flug erhebe! Auch in der Liebe hat sich nie jemand über mich beklagt: Wie die Vögel, die behände von Zweig zu Zweig hüpfen, mach' ich mein Bett im Klee und decke mich mit den Sternen zu.*

Seine sämtlichen Besitztümer musste der Gaucho auf dem Pferd transportieren: den Sattel, einen Schlafsack, einen Falthocker, ein *facón* mit einer bis zu einem Meter langen Klinge, das häufig auf dem Rücken getragen wurde, ein paar Münzen, ein Silberbesteck, ein Gewehr und ein Lasso, außerdem eine kleine ausgehöhlte und mit Silber verzierte Kalebasse, aus der alle ständig mit einem metallenen Strohhalm *mate* tranken. Das war es meist auch schon.

Wenn sie krank wurden, überlebten sie entweder durch das Geschick und die Kräuterkunde der anderen Gauchos, oder sie starben und wurden an Ort und Stelle begraben. Dort draußen gab es keine Krankenwagen.

Diese Männer stammten von den Guaraní ab, südamerikanischen Ureinwohnern, und sprachen ein für mich kaum verständliches Spanisch. Sie waren klein, dunkel, runzlig, kräftig, hatten schlechte Zähne und ledrige Haut und waren so hart wie die sonnengebackene Erde, der sie ihren Lebensunterhalt verdankten. Sie schienen ständig zu lächeln, was ich zunächst etwas verstörend fand, weil ihr Lächeln eher einem irren Grinsen glich.

Die Estancia grenzte im Osten an den Río Paraná. Es gab keine Straßen auf dem Farmgebiet, und es führte auch keine befestigte Straße dorthin. Echte Wildnis. Wenn ein Verbrechen begangen wurde, waren diese Männer gleichzeitig Kläger und Geschworene. Es gab keine Form von Justiz, die sie vor den Kriminellen und Gesetzlosen schützte, die sich relativ unbehelligt in den Grenzgebieten herumtrieben und davon lebten, sich das, was sie wollten, dort zu nehmen, wo sie es fanden … wenn sie damit davonkamen. Sie erwarteten keine Einmischung von außen und hätten sich sicherlich nicht dafür bedankt, wenn es jemand versucht hätte; diese Männer waren es gewohnt, auf sich selbst achtzugeben. Viehdiebe von der anderen Seite der Grenze, die sie *brasileños* nannten, bereiteten ihnen manchmal Schwierigkeiten, doch wie man mir erzählte, bekamen nur wenige der *brasileños* eine zweite Gelegenheit, Don Alfredo zu bestehlen.

Sie ernährten sich hauptsächlich von Fleisch. Während ich dort war, fingen sie einmal mehrere Gürteltiere. Am Abend weideten sie sie aus, überzogen sie mit einer dicken Schicht Schlamm aus dem Flussbett und rollten sie in die Glut eines Feuers. Etwa eine Stunde später wurden die gebackenen Schlammbälle aufgebrochen, und zum Vorschein kam helles, saftiges, dampfendes und wohlschmeckendes Fleisch, das von den Knochen und dem Panzer einfach abfiel. Ein Siebenbinden-Gürteltier wird rund fünfundsiebzig Zentimeter lang und hat etwa so viel Fleisch wie ein sehr großes Huhn. Es schmeckt stark nach Schweinefleisch. Mit einem Hauch Kohle, Schlamm aus der Backkruste und dem Staub des paraguayischen Viehtriebs, von einem Blechteller, mit den Händen und einem steingeschärften *facón*, in den *bombachas* und dem Poncho eines *peón*, auf der sonnengewärmten Erde sitzend, gegen ein Schaffell am Sattel lehnend, die Luft mit tausend neuen Düften atmend, den Liedern der Guaraní lauschend, während der Mond aufgeht und das Lagerfeuer hinunterbrennt: Das waren die Zutaten der unvergesslichsten Mahlzeit meines Lebens. Jeder einzelne meiner Sinne – Tasten, Hören, Sehen, Schmecken und Riechen – prickelte wie elektrisiert von all den neuen Eindrücken. Genau das war es, wofür ich nach Südamerika gekommen war. In diesem kurzen, glorreichen Moment hatte ich mein Eldorado gefunden.

In jener Nacht schlief ich unter dem Sternenhimmel ein und träumte davon, alles aufzugeben und das Leben eines Gauchos zu führen. Nach einer Weile wäre mir das viel zu strapaziös und vermutlich auch zu einschränkend gewesen, aber in dem Moment war es einfach unfassbar romantisch, im echten Leben Cowboy spielen zu dürfen.

Ich schlief jede Nacht wie ein Stein bis zum Morgengrauen, wenn Danny, hocherfreut über die Umkehrung der Autoritätsverhältnisse hier, weit weg vom College, mich aus dem Schlaf trat. Jeden Tag lernte ich mit seiner Hilfe etwas Neues. Er war nur fünf Jahre jünger als ich und hatte viel Zeit mit den Gauchos verbracht und seine Reitkünste im Laufe der Jahre mit ihnen perfektioniert. Der Reitstil der *peones* unterschied sich ziemlich vom englischen, den ich als Kind gelernt hatte. Man konnte ihn nicht gerade als sanft bezeichnen. Eher schnell wie der Blitz, eigensinnig und völlig unbekümmert, und solange ich das nicht akzeptierte, waren weder die Ponys noch die *peones* kooperativ. Schon nach kurzer Zeit war mir klar, dass ich lernen musste, wie sie zu reiten, denn mein Pony ließ mir keine andere Wahl; es reagierte einfach nicht auf die klassischen Reittechniken. Nachdem mir das jedoch klargeworden war – oder eher gesagt, nachdem das Pony es mir klargemacht hatte –, kamen wir ganz gut miteinander aus.

Obwohl die direkte Kommunikation zwischen mir und den Männern sehr eingeschränkt war, brachten sie mir die für ihren Alltag benötigten Handgriffe bei. Vor allem von den jüngeren Männern wurde ich akzeptiert, weil ich versuchte, ihre Sprache und ihr Verhalten nachzuahmen – jedenfalls gefällt mir die Idee, dass es vielleicht daran lag. Ich versuchte, das Leben durch ihre Augen zu betrachten, versuchte, mir ihre Fähigkeiten anzueignen und über dieselben Dinge wie sie zu lachen (vor allem über mich!). So konnte ich einen Lebensstil beobachten, der seit Jahrhunderten unverändert geblieben war, der jedoch zu jenem Zeitpunkt kurz davorstand, für immer verlorenzugehen.

Die unvergleichlichen Fähigkeiten eines Gauchos, mit dem Lasso umzugehen, muss man mit eigenen Augen gesehen haben, um sie wirklich würdigen zu können, doch ich möchte zumindest versuchen, ein Bild davon zu vermitteln. Wir kamen in einem Lager an und hatten kaum noch Fleisch. Ein paar der Männer bestiegen ihre Pferde und machten sich mit mir im Schlepptau auf die Suche nach einem Rind, um unsere Vorräte aufzustocken. Sie trafen ihre Auswahl, indem sie einige Rinder wild aufscheuchten, sie dann gekonnt einige hundert Meter im Kreis laufen ließen, bis sie ihr Opfer ausgemacht hatten. An dieser Stelle sollte ich erwähnen, dass ein Gaucho, obwohl er problemlos ohne Sattel reiten könnte, nie auf diesen verzichtet, da er einen wesentlichen Bestandteil seiner Ausrüstung bildet und nicht nur zum Transport seiner Besitztümer, sondern auch als eigenständiges Werkzeug verwendet wird.

Sobald sie das Ziel ausgewählt hatten, begann einer der Reiter sein Lasso zu schwingen. Das Lasso eines Gauchos besteht aus geschmeidigem, geflochtenem Ponyleder mit einem schweren Metallring mit zehn Zentimeter Durchmesser am Ende, durch den das Lederseil läuft. Durch das Gewicht des Rings lässt sich mehr Schwung aufbauen, wenn die kreisende Schlinge des Lassos einhändig über dem Kopf geschwungen wird. Mit der anderen Hand hält der Gaucho die Zügel und kontrolliert sein galoppierendes Pferd.

Das Pony eines Gauchos ist schneller als die Kühe, was dem Reiter erlaubt, die kreisende Schlinge des Lassos über den Kopf des Rinds zu werfen, wo sie um den Hals oder die Hörner des Tiers fällt. Während die Schlinge fällt, wickelt der

Gaucho das andere Lasso-Ende um den Sattelknopf. Gekonnt wird er nun langsamer und dirigiert das panische Rind auf einen Baum zu. Indem er den Baum als Flaschenzug verwendet, zieht er das Rind langsam weiter, bis seine Hörner am Baumstamm festsitzen. Das Rind wehrt sich mit aller Macht, nicht gegen das Lasso oder den Gaucho, sondern gegen den Baum; darin liegt die Kunst. Im richtigen Augenblick galoppiert einer der *peones* mit Zügel und Sattelknopf in der einen und *facón* in der anderen Hand an dem Rind vorbei, gleitet in einer fließenden Bewegung, den Boden mit beiden Füßen nur streifend, vom Sattel und schneidet dem bewegungsunfähigen Rind die Kehle durch. Leichtfüßig springt er zurück in den Sattel und ist schon wieder fort, ehe das Blut hinausströmt – es kann bis zu zehn Meter weit spritzen. Der Gaucho lockert nun das Lasso und sitzt ab. Das Rind brüllt mit rollenden Augen und sinkt langsam auf die Knie, während das Leben aus ihm hinausgepumpt wird. Bevor es zu Boden geht, muss der stolze Gaucho sich den Hörnern des sterbenden Tieres bis auf wenige Zentimeter nähern, um das Lasso zu entfernen.

Mit viel Geschrei, Gejubel und Gestikulieren beglückwünschten die anderen Gauchos und *peones* diejenigen, die mit ihren Fähigkeiten gleichzeitig für Unterhaltung und Nahrung gesorgt hatten. Das taten sie vermutlich jedes Mal. Bald darauf garte frisches Fleisch über rotglühenden Kohlen, die aus dem tosenden Feuer geharkt worden waren.

Nach dem Schlachten eines Rinds teilten die *peones* das Fleisch, das sie mitnehmen konnten, auf; den Rest des Körpers ließen sie zurück. Einmal beobachtete ich, wie große Teile eines Kadavers in den Fluss geschoben wurden und sich sofort silberne Blitze zuckend darum versammelten. Ein Crescendo ist ein guter Vergleich. Innerhalb weniger Augenblicke explodierte das ruhige Wasser des Flusses zu einem brodelnden, schäumenden Ausbruch wilden Rots und Silbergoldes. Minuten später waren die Piranhas wieder verschwunden, und die nackten Knochen lagen im nun wieder ruhigen Wasser. Dieses grausige Spektakel schreckte mich auf jeden Fall davon ab, nach einem langen Tagesritt unbedacht im Fluss schwimmen zu gehen.

Schweren Herzens verließ ich dieses wunderschöne, faszinierende Land. Ich ahnte jedoch nicht, dass dieser Zeitpunkt mir vom Schicksal vorherbestimmt war, damit ich zum exakt gleichen Zeitpunkt wie ein gewisser Pinguin in Punta del Este sein könnte.

Ob per Zug oder Lastwagen, Bus, Fahrrad, auf dem Pony oder zu Fuß reisend, erfuhr ich Augenblicke äußerster Erfüllung und Zufriedenheit in Südamerika. Ich wusste, dass Juan Salvado bei meinen Freunden gut aufgehoben war, und machte mich zur Südspitze auf, nach Feuerland. Von dort aus wollte ich nach Südchile. Ich verbrachte eine geschlagene Woche nur unter Pinguinen, ohne eine Menschenseele zu Gesicht bekommen, ohne Kommunikation. Tagsüber wanderte ich durch die schneebedeckten Berge und in tiefe Täler, wo der Boden so dicht mit hüfthohen Gänseblümchen bedeckt war, dass sie von weitem so weiß wie die Gipfel wirkten, die sich über mir auftürmten. Nachts zeltete ich in den riesigen Südbuchen-Wäldern und kochte mir mein bescheidenes Mahl auf einem Holzfeuer. Dabei hatte ich lediglich ein paar Früchte und ein wenig Mehl, Zucker und Butter, womit ich mir einfache Pfannkuchen buk. Es war himmlisch.

Allein zu reisen gab mir reichlich Gelegenheit, über alles Gesehene und Gehörte nachzudenken, die Realität Südamerikas mit meinen Vorurteilen abzugleichen und mir darüber klarzuwerden, was tatsächlich wichtig und wertvoll war. Wie hatten die Menschen es geschafft, in einer Welt so voller umwerfender Schönheit und unvergleichlicher Wunder für so viel Leid zu sorgen, und das nicht nur in Bezug auf unsere eigene Spezies? Was es bedeutete, ein Mensch zu sein, und das Wesen von Freundschaft waren immer wiederkehrende Themen meiner Überlegungen. So interessant oder unterhaltsam sie auch gewesen sein mochten, die *compañeros*, die ich auf den Irrwegen des Lebens getroffen hatte, mit denen ich ein Stück des Weges, ein Lagerfeuer, einen Kochtopf oder sogar ein Zelt geteilt hatte, sie waren doch nur Schiffe gewesen, die des Nachts meinen Weg kreuzten. Ihnen hätte ich nie so offen mein Herz ausgeschüttet, wie ich es bei Juan Salvado tun konnte, und so ging es auch allen anderen, die den Pinguin getroffen hatten. Wie kam es, dass ein Pinguin den Menschen, deren Leben er berührte, so viel Geborgenheit und innere Ruhe geben konnte? Wieso gingen sie auf seine Terrasse, offenbarten ihm ihr tiefstes Inneres, als würden sie ihn schon ihr Leben lang kennen, und behandelten ihn wie einen echten Freund, auf den man sich in der Not verlassen konnte? Lag das an den Zeiten der Gewalt und Verzweiflung? Wäre es in Phasen von Frieden und Wohlstand anders gewesen?

Auf jeden Fall hatte es den Anschein, als vertrauten sich die Menschen bereitwilliger Juan Salvado als ihren Mitmenschen an. Vielleicht entspricht dies einfach dem natürlichen Verhältnis zwischen Mensch und Pinguin.

»Wie kam es, dass ein Pinguin den Menschen, deren Leben er berührte, so viel Geborgenheit und innere Ruhe geben konnte?«

»KANN ICH SCHWIMMEN?«

Kapitel 16
In dem Juan Salvado endlich ins Wasser zurückkehrt

Seit dem allerersten Tag, an dem ich den Pinguin nach St. George's gebracht hatte, wollte mir vor allem ein Jugendlicher bei der Haltung von Juan Salvado helfen: Sein Name war Diego Gonzales. Diego hatte es schwer im Leben, schwerer als andere. Er war ein bolivianischer Junge; sein Vater war europäischer Abstammung, seine Mutter Bolivianerin. Der Nachwuchs aus solchen Verbindungen wurde in Lateinamerika traditionell *mestizo* genannt, ein Begriff, der als beschreibend und nicht als herabsetzend empfunden wurde. Trotzdem wurde Diego gelegentlich zur Zielscheibe gemeiner Kommentare von den anderen Jungen.

Diego kam als zurückhaltender, schüchterner Dreizehnjähriger, der Angst vor dem eigenen Schatten zu haben schien, an unsere Schule. In akademischer Hinsicht war er nicht sonderlich begabt, im Gegenteil, er hatte große Schwierigkeiten. In der wettbewerbsorientierten Atmosphäre des Colleges waren seine Schwächen immer offensichtlich. Alle zwei Wochen wurden Listen veröffentlicht, in denen die Schüler sortiert nach ihren schulischen Erfolgen aufgeführt wurden. Diese Aufstellungen sollten sie dazu anspornen, hart zu arbeiten und sich zu verbessern. Doch Diego halfen sie ganz und gar nicht.

Bedauerlicherweise schien auch keine der vielen außerschulischen Aktivitäten Diego zu interessieren. Er war ein schwächlicher Junge, dessen motorische Fähigkeiten und Koordination offenbar weit unter dem Durchschnitt seiner Altersklasse lagen; er war nicht in der Lage, auch nur einen einzigen Ball zu fangen. Auf dem Rugbyfeld wirkte er verloren, verfroren und elend, selbst an den wärmsten Tagen. Sein übergroßes Trikot hing ihm schlaff von den schmalen Schultern und verdeckte beinahe die Shorts, aus der seine spindeldürren Beine hervorragten, und die Ärmel waren so lang, dass sie ihm bis zu den Fingerspitzen reichten. Niemand spielte ihm den Ball zu oder bezog ihn ins Spiel ein, außer um ihn zu ärgern. Wenn der Ball auf ihn zukam, prallte er ihm für gewöhnlich mit voller Wucht gegen die Brust, als hätte er ihn überrascht, und er verfehlte jeden Pass.

Diegos frühere Schulbildung hatte ihn nicht gut auf das College-Leben vorbereitet. Seine Englischkenntnisse waren lückenhaft, und sogar sein Spanisch war vom Dialekt der bolivianischen *mestizos* gefärbt, weshalb er wortkarg war und jedes Gespräch vermied. Er hatte nie gelernt, auf seine Sachen aufzupassen oder einen Überblick darüber zu haben. Er schaffte es selten, die richtigen Dinge für den Unterricht oder den Sport dabeizuhaben. Am schlimmsten mit anzusehen war für mich jedoch, wie sehr er unter Heimweh litt. Er war noch nicht bereit gewesen, von zu Hause wegzugehen, und sehnte sich schrecklich zurück. In nahezu jeglicher Hinsicht wirkte Diego für sein Alter zu unreif.

Wie alle Gemeinschaften hatte das College viele gute Eigenschaften. Es gab ein gutstrukturiertes seelsorgerisches System, jeder neue Schüler bekam einen älteren Jungen zugewiesen, der sich in den ersten zwei bis drei Wochen um seinen Schützling kümmerte. Diese »alten Hasen« wiederum wurden von Vertrauensschülern betreut, die von den verantwortlichen Hauslehrern geleitet wurden, denen Diegos Schwierigkeiten natürlich bekannt waren. Wohlgemerkt: Die große Mehrheit der Jungen im College entwickelte sich prächtig. Die meisten genossen das Internatsleben und schlossen feste, lange währende Freundschaften. Diego hingegen war wie ein Fisch auf dem Trockenen.

Daher war es nicht überraschend, dass er die Gesellschaft von Juan Salvado genoss und so viel Zeit wie möglich mit ihm verbrachte. Auf der Dachterrasse, abseits vom College-Gewimmel, konnte er sich entspannen. Zwar hatte Diego Freunde, doch diese Jungen hatten ähnliche Probleme, sich dem Schulethos anzupassen. Alle, die sich nicht täglich begeistert ins Rugbyspiel stürzten, wurden gern als »die schwächeren Brüder« bezeichnet.

Verantwortung für Juan Salvado zu übernehmen tat diesen Jungen gut. Zuverlässig und pflichtbewusst holten sie Sprottenvorräte vom Markt, hielten die Terrasse sauber und leisteten Juan Salvado Gesellschaft. Ihr Alltag war durch so viele Ängste getrübt, dass es schön war zu beobachten, wie sehr sie die Zeit mit dem Pinguin genossen und dabei alle Sorgen und Zwänge des Unterrichts und der sozialen Hierarchien sowie das Heimweh nach ihren weit entfernten Familien vergaßen.

St. George's hatte natürlich mehr moderne Bildungsangebote zu bieten als einen Pinguin auf der Terrasse eines Hilfslehrers. Auch das Schwimmbecken war ungewöhnlich, da es weder über eine Filteranlage verfügte noch gechlort wurde. Dieses Defizit wurde ausgeglichen, indem das Becken alle zwei Wochen vollständig geleert wurde, wenn das Wasser ein leicht trübes Grün angenommen hatte und Heimat größerer Krötenkolonien geworden war. Die Leser von heute mögen diesen Gedanken vielleicht abstoßend finden, doch damals schwammen die Schüler regelmäßig, und ohne dadurch Schaden zu nehmen, in den warmen, trägen, schlammigen, von Tieren wimmelnden Flüssen mit sumpfigen Ufern, die sich durch ihre Heimat schlängelten. Heutzutage würden viele diese Wasserstraßen fälschlicherweise als »verschmutzt« bezeichnen, nur weil sie karamellbraun waren. Dass das Wasser im Schwimmbecken von St. George's nicht ganz klar war, war jedenfalls nie ein Thema.

Sobald die Temperatur in Buenos Aires anstieg, wurde das Becken, das den Winter über unberührt dagelegen hatte, geleert, geschrubbt und mit frischem Wasser aus unseren eigenen grundwassergespeisten Brunnen gefüllt. Sobald es in Betrieb genommen worden war, wurde der Säuberungszyklus – alle zwei Wochen – bis zum Saisonende weitergeführt.

Die Möglichkeit, Juan Salvado im Pool schwimmen zu lassen, war mir natürlich bereits in den Sinn gekommen, aber da er im Winter ins College gekommen war, stand das Wasser dreckig und stinkend im Becken. Außerdem hoffte ich, dass seine Federn ihre Wasserfestigkeit wiedererlangt hätten, bis das Becken wieder in Betrieb war.

Die meisten Jungen waren im Prinzip begeisterte Schwimmer, doch genau wie Tennis und *paleta* (eine argentinische Squash-Version, die draußen gespielt wurde) war Schwimmen keine Hauptsportart – vor allem, weil es kein Rugby war.

Doch an schönen Sommerabenden wurde das Schwimmbecken während der Freizeit nach den Hausaufgaben gern genutzt.

Dieses Jahr war es zum Saisonauftakt nicht sehr warm gewesen. Das Wasser war gegen Ende der ersten zwei Wochen zwar nicht sonderlich einladend, aber auch nicht allzu grün; sogar die Bahnmarkierungen am Beckenboden waren noch gut sichtbar. Nur wenige unerschrockene Jungen wollten an dem Abend nach den Hausaufgaben schwimmen, und nach zwanzig Minuten waren selbst die Abgehärtetesten aus dem Wasser gestiegen und zurück zu ihren Häusern unter die heiße Dusche gegangen.

Sobald die Schwimmer fort waren, schlug ich Diego und zwei Freunden, die mit Juan Salvado auf einem der Spielfelder in der Nähe spazieren gingen, vor, ihn zum Becken zu bringen, um zu sehen, ob er schwimmen wollte.

Ich hatte absichtlich den Abend abgewartet, an dem das Wasser ausgetauscht würde, um meine Restzweifel, ob ich Juan Salvado in das Schwimmbecken lassen durfte, auszuräumen. Es würde niemanden stören, wenn er ins Wasser machte, kurz bevor es abgelassen wurde, und sollte er sich weigern, hinterher wieder herauszukommen, wäre ich nach dem Leeren des Beckens sicherlich in der Lage, ihn einzufangen.

Juan Salvado lebte bereits einige Monate im College, und die ganze Zeit über hatte er nie die Gelegenheit gehabt, frei zu schwimmen. Seine graugefleckten Bauchfedern waren nach und nach weißer geworden, und inzwischen sah er für Pinguinverhältnisse wieder fit und normal aus. Ich hatte entschieden, dass nun der richtige Zeitpunkt gekommen war.

Obwohl Juan Salvado einen Großteil des College-Geländes kannte, war er noch nie im Pool-Bereich gewesen. Diego setzte ihn neben mir ab, und als ich zum Beckenrand ging, folgte mir der Pinguin. Er musterte das ruhig daliegende Wasser, scheinbar ohne zu verstehen, wofür es gut war.

»Na los«, sagte ich und mimte einen Sprung ins Becken mit entsprechenden Schwimmbewegungen. Er sah erst mich an, dann das Wasser. »Na, mach schon, du kannst schwimmen!«, sagte ich, beugte mich vor und bespritzte ihn mit etwas Wasser.

Juan Salvado sah mir in die Augen und fragte: *»Ach! Kommen da die Fische her?«* Dann stieß er sich ohne weitere Ermunterung von der Kante ab. Mit einem einzigen Flügelschlag schoss er wie ein Pfeil durchs Wasser und krachte mit dem Kopf gegen die Beckenwand, Gesicht voran, mit ziemlichem Tempo. Der Aufprall war spürbar. Von den zuschauenden Jungen ertönte ein Stöhnen und ein erschrecktes Japsen. Prustend und benommen kam Juan Salvado an die Oberfläche. Er paddelte und zuckte leicht mit dem Kopf. Ich dachte schon, er hätte sich das Genick gebrochen, doch einen Augenblick später schüttelte er in bester Pinguin-Manier heftig den Kopf und tauchte wieder unter.

Ich hatte nie zuvor Gelegenheit gehabt, einen Pinguin direkt aus der Nähe im Wasser zu beobachten. Ich war inzwischen sehr vertraut mit Juan Salvados tollpatschiger und lustiger Fortbewegungsweise an Land, doch nun sah ich ihm ehrfürchtig zu. Er ließ Beine und Füße locker und schwamm mit den Flügeln. Mit nur einem oder zwei Schlägen jagte er in hoher Geschwindigkeit von einem Ende zum anderen und vollführte kurz vor der Seitenwand dramatische Wenden. Es war eine bravouröse artistische Vorstellung unter Wasser, eine Meisterleistung, wie er die Wand um Haaresbreite verfehlte, sie nicht berührte und erst recht keinen weiteren Zusammenstoß erlitt. Er nutzte die gesamten fünfundzwanzig Meter des Beckens aus, machte Loopings und schoss durch die Wasseroberfläche. Dann ließ er sich zurück ins kühle Nass fallen, tauchte zu Boden und sauste von einem Ende zum anderen, drehte abrupt ab und schraubte sich wie ein Korkenzieher durch den Pool. Der einzige Vergleich, der sich zu dieser einzigartigen Beherrschung des dreidimensionalen Raums ziehen ließe, wäre zu einem Vogel in der Luft, obwohl auch die Geschwindigkeit eines professionellen Eisläufers auf der Eislaufbahn ein gutes Beispiel für ein derartiges räumliches Bewusstsein wäre. Mir war nun klar, wie dringend er seine starken Flügelmuskeln benutzen wollte, die viel zu lange untätig gewesen waren. Juan Salvado hatte endlich die Freiheit zurückerlangt, seine wahre Natur auszuleben, seine Unabhängigkeit, und zeigte uns allen, was es hieß, ein Pinguin zu sein.

Vielleicht kommt die Freude am Fliegen, wie die Möwe Jonathan sie in ihrer Geschichte beschreibt, der offensichtlichen Ausgelassenheit, die Juan Salvado an jenem Abend zeigte, am nächsten. Ein Bodenturner hätte im Vergleich zu Juan Salvados Vorstellung schwerfällig und zweidimensional gewirkt.

Die pure Freude, die der Pinguin aus seiner hervorragenden Kontrolle des Wassers zu ziehen schien, übertrug sich auf die Zuschauer. Juan Salvado konnte um ein Vielfaches schneller durchs Wasser preschen als der schnellste olympische Schwimmer – eine Bahn legte er in zwei oder drei Sekunden zurück, eine Distanz, für die ein Mensch ungefähr fünfzehn brauchte. Juan Salvado wechselte seine Unterwasser-Kunststücke mit Schwimmeinheiten an der Oberfläche ab. Dabei putzte er sich und planschte herum.

An der Oberfläche schwimmen Pinguine wie halslose Enten und paddeln mit den Füßen. Effektiv, aber wenig elegant wippen sie auf und ab – kein Anblick, den man unbedingt gesehen haben muss. Doch unter Wasser zeigen Pinguine eine so vollendete Beherrschung ihres Elements, dass sie ihr Publikum damit in ihren Bann ziehen können.

Diego und die anderen Jungen waren ebenso verzaubert wie ich. »Seht euch das an!«, riefen sie. »Ooooh!« und »Aaaah!« machten sie, als sähen sie sich ein Feuerwerk an.

Nach einer Weile kam Diego zu mir und fragte leise: »Kann ich mit ihm schwimmen?«

»Was!? Außerdem heißt es ›Darf ich schwimmen‹«, korrigierte ich ihn.

»*Sí*. Darf ich schwimmen? O bitte! Nur fünf Minuten.«

Ich war völlig baff! Er hatte sich dem Schwimmbecken noch nie zuvor genähert, und ich wusste nicht einmal, ob er schwimmen konnte. Eigentlich hatte ich noch nie erlebt, dass Diego überhaupt irgendetwas aktiv wollte, außer dass er Juan Salvados Gesellschaft suchte und die der Schüler und Lehrer mied.

»Kannst du schwimmen?«, fragte ich.

»*Sí*, was ich Sie gefragt habe!«, sagte er verwirrt. »O ja, bitte, kann ich? Kann ich schwimmen?«, bettelte er.

Weil mir bewusst war, wie sehr ihn die Komplexität der englischen Grammatik frustrierte, beschloss ich, ihn nicht weiter zu belehren. Endlich zeigte der Junge einmal Interesse an etwas.

»Aber das Wasser ist kalt, es wird bald grün, und spät ist es auch schon! Bist du dir sicher, dass du da reinwillst?«

»Bitte!«

»Na gut«, sagte ich, »aber mach schnell!«

Ich hatte ihn noch nie zuvor so aufgeregt erlebt. Seine Augen funkelten, und zum ersten Mal, seit ich ihn kannte, wirkte er tatsächlich lebendig. Er rannte zurück ins Haus, um sich seine Badehose anzuziehen, und war im Nullkommanichts wieder da. Ohne zu zögern oder meine endgültige Erlaubnis abzuwarten, tauchte er ins kalte grünliche Wasser. Ich hatte mich innerlich schon drauf vorbereitet, selbst hineinzuspringen und ihn zu retten, sollte sich herausstellen, dass er doch nicht schwimmen konnte, und erwartete halb, dass er wie ein Stein zu Boden sinken würde.

Doch zum zweiten Mal an diesem Abend war ich verblüfft. Diego konnte nicht nur schwimmen, er schwamm sogar ganz phantastisch! Er jagte hinter Juan Salvado her, und während das bei jedem anderen völlig absurd ausgesehen hätte, bewegte sich Diego so elegant, dass die beiden überhaupt nicht lächerlich zusammen wirkten. Juan Salvado drehte Spiralen um den schwimmenden Jungen herum. Ihre Bewegungen wirkten aufeinander abgestimmt wie die von Synchronschwimmern. Noch nie zuvor hatte ich eine solche Interaktion zwischen zwei unterschiedlichen Spezies beobachtet. Es wirkte, als hätten sie eine Choreographie einstudiert, in der einer die Fähigkeiten des anderen unterstrich, wie in einem Duett für Geige und Klavier. Keiner von beiden dominierte oder ordnete sich dem anderen unter. Manchmal übernahm Juan Salvado die Führung, und Diego schwamm hinterher, als wolle er ihn jagen. Juan Salvado ließ Diego ganz nah an sich herankommen, um dann wieder davonzuschießen. Dann wiederum übernahm Diego scheinbar die Führung, und der Pinguin umkreiste den Jungen, schwamm Achten um ihn herum, als wolle er ihn in einen Kokon einspinnen. Manchmal schwammen sie so dicht nebeneinander, dass sie sich beinahe berührten. Es war ein grandioser *pas de deux*, und ich war völlig fasziniert. Die Magie, die an jenem Abend in der Luft und im Wasser lag, Magie, die sich auf so vielfältige Arten entfaltete, lässt sich kaum in Worte fassen.

Ich hatte mich schon gefragt, ob Juan Salvado wohl bald aus dem Wasser kommen würde, denn es war klar, dass er erst aufhören würde, wenn er es selbst entschied. Doch während Diego mit ihm schwamm, verbannte ich die Sorge aus meinen Gedanken.

Diego hielt sein Wort. Unaufgefordert schwamm er nach ein paar Minuten an den Rand, schwang sich in einer anmutigen Bewegung aus dem Becken, und das Wasser strömte ihm aus den Haaren und über die Schultern auf den Boden. Kurz darauf kam Juan Salvado wie ein Torpedo durchs Wasser angeschossen. Im entscheidenden Moment katapultierte er sich mit einem Flügelschlag aus dem Wasser und schlidderte auf dem Bauch vor meine Füße. Wir lachten laut auf.

»Gut aufgepasst? So schwimmt man! Meine Güte, das war bitter nötig! Mit den Fischen lagst du allerdings falsch, ich habe überall gesucht, aber da waren keine!«

Ich war sprachlos. Ich hatte eine akrobatische (oder eher aquabatische?) Show gesehen, die ihresgleichen suchte. Sowohl in der technischen Ausführung als auch in der künstlerischen Gestaltung hätte sie Höchstnoten bei allen Juroren bekommen, aber das war noch nicht alles. Neben dem Schwimmbecken stand ganz ruhig und an einem Handtuchzipfel kauend ein gutgebauter, schlanker Jugendlicher, der – da war ich mir sicher – fast jedem im College davonschwimmen konnte. Es war eine Offenbarung. Das war nicht der traurige kleine Tropf, den wir kannten, sondern ein ganz normaler Junge mit einem ganz besonderen Talent, das bisher niemandem im College aufgefallen war.

»Diego! Du kannst schwimmen!«

»*Sí*, ich kann schwimmen, danke schön.«

»Nein, ich meine, du kannst wirklich gut schwimmen – geradezu phantastisch!«

»Meinen Sie?«, fragte er, ohne mich direkt anzublicken, doch ich bemerkte, wie der Anflug eines Lächelns über sein Gesicht huschte. Ich glaube, es war das erste Lächeln, seit er Bolivien verlassen hatte.

»Wo hast du so schwimmen gelernt? Wer hat dir das beigebracht?«

Diego sah den Pinguin an. Ich folgte seinem Blick: Juan Salvado putzte sich mit dem Schnabel die Federn, als wäre überhaupt nichts Ungewöhnliches geschehen. Außerdem stellte ich mit großer Freude fest, dass er knochentrocken war. Sein Gefieder war endlich wieder wasserfest.

Interessanterweise hatten die anderen Jungen nur Augen für den Pinguin, Diego hingegen hatten sie anscheinend gar nichts Besonderes angemerkt. Sie hatten lediglich gesehen, dass der Pinguin ein weitaus besserer Schwimmer war als Diego und sprachen von nichts anderem.

Als wir zum Schulgebäude zurückkehrten, erzählte mir Diego, sein Vater habe ihm das Schwimmen zu Hause im Fluss beigebracht, an Wettbewerben habe er jedoch nie teilgenommen. Auch über andere Dinge, die er an seinem Zuhause in Bolivien mochte, sprach er relativ frei und ungezwungen. Es war das erste Mal, dass er sich öffnete und freiwillig über sich selbst, sein Leben und seine Heimat sprach. Er wirkte plötzlich wie ausgewechselt. Schweigend hörte ich ihm zu, ohne sein Englisch zu korrigieren, und den ganzen Rückweg über sprudelte er wie ein Wasserfall.

Danach schaute ich bei Richard, dem Hausvater, vorbei und erwähnte, dass Diego offenbar »die Kurve gekratzt« hätte. Mehr sagte ich nicht dazu. Das hatte Zeit. Er freute sich zu hören, dass es vielversprechende Anzeichen gab. »Ach, ich hoffe wirklich, dass du recht hast«, sagte er.

Ich ging wieder in mein Apartment, nahm mir eine Flasche Wein und ein Glas und ging hinaus auf die Terrasse, um mich zu Juan Salvado zu setzen. Es wurde schnell dunkel, wie immer in diesen Höhenlagen, und die Sterne waren am Himmel zu sehen. Die kreisenden Sterne im Kreuz des Südens zeigen den Gang der Jahreszeiten ebenso an wie der Große Wagen in der nördlichen Hemisphäre, wenn er um den einsamen Polarstern kreist.

Ich hatte immer einige Sprotten in Reserve, die ich nun eine nach der anderen an Juan Salvado verfütterte, der sie nach seiner abendlichen Anstrengung gierig verschlang und es sich dann zu meinen Füßen gemütlich machte, um zu schlafen. Ich saß an der Brüstung und blickte über die dämmrigen Rugbyfelder. In den hohen Eukalyptusbäumen zirpten die Zikaden ihr Abendlied und übertönten alle anderen Geräusche. Ich schenkte mir Wein ein. Es war, als gösse ich ein Trankopfer für die Götter ein, die sich um diese Dinge kümmern, und trank auf ihr Wohl.

»Ich sollte ein Buch über dich schreiben.«

Juan Salvado blickte auf.

»Warum?«

»Ich glaube, eine Menge Leute würden dich gern kennenlernen«, sagte ich.

»Ja? Wirklich? Wie würdest du es nennen?«

»Oh … äh … Wie wär's mit Ein magischer Abend mit Juan?«

Juan Salvado schüttelte bloß den Kopf, ein Schauer lief ihm den Rücken hinunter bis zum Schwanz, dann machte er es sich wieder bequem und legte seinen Kopf auf meinem Fuß ab. Ich schenkte mir ein zweites Glas Wein ein.

Wegen fruchtbaren Augenblicken wie an diesem Abend war ich Lehrer geworden. Ich hatte etwas erlebt, das einem Initiationsritus ähnelte oder vielleicht eher einem urtümlichen Übergangsritus. Die Ereignisse des Abends hatten etwas von einer Taufe oder Bar Mitzwa, doch eigentlich war es noch intimer, körperlicher, ursprünglicher und grundlegender gewesen; eine echte Veränderung hatte stattgefunden, nicht nur im übertragenen Sinne. Es war wie ein Zauber, und weil das Geschehene fast tranceartig war, fragte ich mich, was ich dort eigentlich gesehen hatte und wie ich es bewerten sollte. Ein Kind war ins Wasser gestiegen, um mit einem Pinguin zu schwimmen, und war kurz darauf als junger Mann wieder aufgetaucht. Wie eine Wiedergeburt, ein Neuanfang. Das hässliche Entlein war zum Schwan geworden; die Raupe hatte sich in einen Schmetterling verwandelt; der Fisch hatte zurück ins Wasser gefunden. Das Erstaunlichste daran war womöglich, dass dem Jungen selbst noch gar nicht bewusst war, dass sein Leben an jenem Abend eine radikale Wende genommen hatte (ebenso wenig wie das hässliche Entlein wusste, dass es zum Schwan geworden war). Durch einen glücklichen Zufall hatte ich etwas mit angesehen und seine

Bedeutung erkannt, auch wenn ich es nicht erklären konnte. Diego war in wenigen Minuten um Jahre gereift, und Juan Salvado, der außerordentliche Pinguin, hatte etwas damit zu tun.

Später am Abend besuchte ich Danny, meinen Gaucho-Kumpan, der inzwischen Tutor war. Er war ein fröhlicher, anständiger Achtzehnjähriger, der zwar im Rugby besser als im Unterricht war, aber immer überall sein Bestes gab und von allen gemocht und respektiert wurde. Ich fand ihn in seinem Zimmer, mit seinem Stellvertreter Jack, einem fleißigen, ernsten Jungen, der mit uns in Paraguay gewesen war und viel nachdachte, aber wenig sagte.

Ich fragte Danny, wie unsere Chancen stünden, das jährliche Rugbyturnier zwischen den einzelnen Häusern der Schule zu gewinnen, und Danny antwortete, dass es ein ausgeglichener Wettkampf werden würde. Die anderen Häuser hatten einige sehr gute Spieler, in allen Bereichen.

Auch in den kleineren Sportarten (also allen Sportarten außer Rugby) fanden Haus-Wettbewerbe statt. Das Haus mit den besten Ergebnissen in allen Wettbewerben gewann den jährlichen Sportpokal.

Ich sagte Danny, es sei an der Zeit, das Schwimmteam des Hauses zusammenzustellen. Jetzt, da das Schwimmbecken wieder offen wäre, hätten wir keine Zeit mehr zu verlieren. Ich fügte hinzu, er solle auf jeden Fall Gonzales bei der Qualifikation mitmachen lassen. Er fing an zu diskutieren, doch ich sagte nur, es sei unsere Verantwortung, weiterhin zu versuchen, ihn in Haus-Aktivitäten zu integrieren. Er als Tutor solle die Mannschaft jedoch nach Leistung aufstellen, ohne dass ich mich einmischte, versprach ich ihm.

Das Schwimmbecken wurde gesäubert und wieder gefüllt, und am Tag darauf organisierten Danny und die anderen Vertrauensschüler ein Zeitschwimmen. Ich beschloss, nicht dabei zu sein.

Kurz nachdem die Jungen aus dem Wasser gestiegen waren, klopften ein atemloser Tutor und sein Stellvertreter an meine Tür.

»Kommt rein.«

»Ich glaube es nicht! Niemand kann es glauben«, platzte Danny heraus. Er hielt kurz inne, dann fügte er hinzu: »Sie wussten, was passieren würde, oder? Woher wussten Sie das? Wieso haben Sie uns nichts davon erzählt?«

»Langsam, eins nach dem anderen! Ich habe keinen blassen Schimmer, wovon du redest«, log ich. »Du hast mir noch nicht erzählt, was du nicht glauben kannst. Deinem Tonfall nach zu urteilen, hast du im Lotto gewonnen. Setzt euch. Und jetzt erzählt mir, was passiert ist, von Anfang an.«

Danny und Jack zogen sich Stühle heran, und Jack reichte mir einen Zettel mit Namen und danebengekritzelten Schwimmzeiten.

Ich hörte auf, die Jungen aufzuziehen, und hörte ihnen schweigend zu, während sie begeistert berichteten.

»Also, wir haben nach Freiwilligen für die Schwimm-Auswahlkämpfe gefragt, genau wie Sie es vorgeschlagen haben, und ein paar Wettkämpfe organisiert. Nur eine Bahn, aber unser Kumpel Gonzales hat alle vernichtend geschlagen, in allen Stilen! Wäre das ein offizieller Wettkampf gewesen, hätten wir jeden College-Schwimmrekord gebrochen! Ich kann es immer noch nicht glauben!«

Mir fiel auf, dass Danny ihn »Kumpel« genannt hatte. Ich war hoch erfreut. Der Junge war rehabilitiert! Gestern erst hätte er ihn noch »Gonzales, die Null« oder Schlimmeres genannt, und heute war er zum »Kumpel« befördert worden. Ich habe ja gesagt, dass sowohl Danny als auch Jack anständige Kerle waren, und das meine ich auch so. Sie hatten keine Vorurteile gegen Diego, sondern urteilten nach der einfachen Regel: Das Leben ist, was du daraus machst. Dieses Mantra war ihnen von Geburt an von ihren Eltern eingeimpft worden, und danach von dem College, das diese für ihre Bildung ausgewählt hatten. Bisher war noch nicht zu beobachten gewesen, dass Diego sich angestrengt hätte, um sein Schicksal zu verbessern. Das College-Motto lautete *Vestigia nulla retrorsum*, was man grob mit »Es gibt kein Zurück« übersetzen könnte. Ich wusste, es würde kein Zurück geben.

»Und er hat nicht geschummelt«, sagte Jack, der zum ersten Mal zu Wort kam. »Bei jedem Versuch das Gleiche – wir haben die Zeit gestoppt. Er hat es ganz einfach aussehen lassen!«

»Und er beherrscht alle Stile«, sagte Danny. »Sie sollten mal seinen Schmetterling sehen! Er hebt sich fast aus dem Wasser. Er kann wesentlich besser schwimmen als ich«, fügte er großzügig hinzu. »Er schwimmt schneller als der Wind! Woher wussten Sie das? Wieso haben Sie uns das nicht gesagt? Sie wussten es, oder? Deshalb wollten Sie auch nicht mehr darüber reden, bis ich eine Mannschaft nach ›Leistung‹ aufgestellt hätte.«

Ich hörte zu, bis sie sich alles von der Seele geredet hatten.

»Die Antwort auf deine Frage, Danny, ist Juan Salvado, dieser außergewöhnliche Vogel, der gerade draußen auf der Terrasse schläft«, sagte ich und berichtete ihnen von dem Abend, an dem Diego mit dem Pinguin geschwommen war.

Ich hatte recht gehabt. Das war der Wendepunkt gewesen. Diego wirkte, als wäre er über Nacht sieben Zentimeter gewachsen und war am nächsten Morgen kaum wiederzuerkennen. Selbst seine Kleidung schien ihm besser zu passen. Er hatte sich den Respekt seiner Mitschüler erarbeitet. In den nächsten Wochen schoss er in den zweiwöchigen Aufstellungen der schulischen Erfolge nach oben und wurde ein beliebtes Hausmitglied. Erfolg führt zu mehr Erfolg. Als endlich das Schwimmfest stattfand, fielen die Ergebnisse aus wie erwartet. Er gewann jeden Wettkampf, an dem er teilnehmen durfte, und brach jeden College-Rekord, den er anfechten durfte. Die anfeuernden Rufe der zuschauenden Jungen waren ernst gemeint, sogar die der gegnerischen Häuser.

Unser Haus gewann in jenem Jahr nicht den Rugbycup, um Haaresbreite. Doch aufgrund der Punkte vom Schwimmfest gewannen wir den prestigeträchtigeren Sportpokal der Häuser; Diego war ein Held, und alle wollten mit ihm befreundet sein. Im Laufe der Zeit knackte er nahezu jeden College-Schwimmrekord. Er wurde sogar gut genug im Rugby, dass er in der College-Mannschaft aufgestellt wurde, und bestand alle Abschlussprüfungen mit ordentlichen Noten. Und er fragte nie wieder: »Kann ich schwimmen?«

UND WENN SIE NICHT GESTORBEN SIND …

Kapitel 17
In dem sich leider herausstellt, dass dies kein Märchen ist

Haustiere haben keinen Platz im Leben eines »unerschrockenen Abenteurers«. Die Verantwortung ist zu hoch. Doch das Schicksal hatte mich auf meinem »unbegangnen Weg« einem Pinguin begegnen lassen, und ich bin überglücklich, dass sich unsere Wege gekreuzt haben. Ich würde im Nachhinein nichts anders machen, bis auf ein entscheidendes Detail, das mich seither sehr bekümmert. Es ist das nagende Übel, die teuflische Last, die meine oft erzählte Geschichte von Juan Salvador trübt, wenn ich wieder einmal die Kinderversion erzähle, die sie eigentlich hätte bleiben sollen.

Ich hatte den Vogel unendlich liebgewonnen. Ich war nach Südamerika gegangen, um etwas Außergewöhnliches, Exotisches und vor allem mich selbst zu finden. All das hatte ich im Überfluss gefunden. Ich genoss Juan Salvados Gesellschaft bei unseren Spaziergängen über das College-Gelände und unsere Gespräche an den vielen ruhigen Abenden, wenn die Hektik des Tages nachließ, es dämmerte und wir mit einem Glas Wein und ein paar abendlichen Sprotten unter dem Sternenhimmel auf der Terrasse beisammensaßen. Niemand hätte der Herzlichkeit, mit der mich dieser Vogel jeden Morgen und jeden Abend begrüßte, widerstehen können.

Unser Leben war stark durch Routine geprägt. Juan Salvado war ein penibler Vogel. Jeden Morgen traf er verschiedene Vorbereitungen für den Tag, eine davon bestand darin, für sein tadelloses Aussehen zu sorgen. Wenn er sein Federkleid sorgfältig in Ordnung brachte, es sauber und intakt hielt, widmete er jeder einzelnen Feder seine Aufmerksamkeit. Nicht einmal Hercule Poirot, der eleganteste aller Männer, war mehr auf sein Aussehen bedacht als Juan Salvado. Den Großteil seiner Säuberung führte er mit dem Schnabel durch, mit dem er erstaunlich gewandt war. Die Federn, die er mit dem Schnabel nicht erreichen konnte, putzte er mit den Zehen, was er ebenfalls tat, wenn ihm eine besonders schwierige Frage gestellt worden war – als kratze er sich nachdenklich hinter dem Ohr. Und so nahm das Leben im College seinen Lauf, ein Kreislauf von Sprotten und Schwimmausflügen, Federkleidpflege sowie der Hege und Pflege durch seine große Anhängerschar.

Als die Ferien bevorstanden und weitere Abenteuer lockten, erklärte sich mein Kollege Luke bereit, Juan Salvado bei sich aufzunehmen. Luke wohnte ganz in der Nähe, war verheiratet und hatte einen kleinen Sohn, daher verbrachte der Pinguin fortan seine Ferien mit ihnen oder bei Maria, wenn ich nicht im College war. Das war eine ausgezeichnete Regelung, denn so konnte ich in dem Wissen, dass sich jemand um Juan Salvado kümmerte, er Gesellschaft hatte und zufrieden war, beruhigt verreisen. Er war glücklich, und ich war frei, meinen Abenteuern nachzugehen. Juan Salvado schien die sommerliche Hitze in Buenos Aires nie etwas auszumachen. Er lebte draußen, wo er übers Gras laufen, sich im Schatten der Bäume aufhalten und die kühle Brise vom Fluss genießen, in seiner Zinkwanne planschen oder manchmal auch – mit oder ohne Schüler – im Schwimmbecken der Schule schwimmen konnte.

Die Pflege Juan Salvados fügte sich also ganz natürlich in meinen College-Alltag ein, hauptsächlich dank der begeisterten Unterstützung durch die Schüler während des Trimesters und Lukes und Marias Hilfe in den Ferien. Gelegentlich ereignete sich etwas Besonderes, doch die meisten Tage waren ganz normal und gingen, immer derselben Routine folgend, ereignislos ineinander über. Juan Salvado war ganz offensichtlich ein Gewohnheitstier, genau wie es die Jungen im Internat sein mussten.

Ein ganz bestimmter Morgen jedoch ist mir ins Gedächtnis gebrannt. Ich wusste bereits, was passiert war, bevor Luke ein Wort sagte. Ich konnte es in seinen Augen lesen.

Ich war mit Freunden im Süden der Provinz gewesen, Juan Salvado war währenddessen bei Luke geblieben. Ich war spät am Vorabend zurückgekehrt – zu spät, um Lukes Familie zu wecken und den Vogel zu besuchen – und nach ein paar Stunden Schlaf war ich zunächst ins College gegangen, um meine Post abzuholen. Dort fand er mich.

»Es tut mir so leid«, sagte er. Mein Kiefer verkrampfte sich, und während ich darauf wartete, dass er fortfuhr, schlug mir das Herz bis zum Hals.

»Es ging ihm gut, während du weg warst, die ganze Zeit über, aber vor ein paar Tagen hat er auf einmal nichts mehr gefressen, als ich ihn füttern wollte. Ich dachte mir zuerst nichts, es war ja so heiß und …« Seine Stimme versagte. »Ich habe ihn im Garten begraben, noch am selben Tag. Es musste sein – es ist einfach zu heiß, und ich wusste ja nicht, wann du wiederkommst. Ich konnte nicht warten. Es tut mir leid.«

Mit versteinerter Miene nickte ich. Der Engländer in

mir bemühte sich, keine Gefühle zu zeigen, vor allem, da mir schon als Kind beigebracht worden war, dem Schicksal von Tieren realistisch ins Auge zu blicken. Doch innerlich war ich tieftraurig. »Danke für alles, was du getan hast. Ich weiß, dass es nicht deine Schuld war.« Mehr brachte ich nicht über die Lippen, während ich verzweifelt versuchte, mich zusammenzureißen. Das schlimmstmögliche Ende war eingetreten. Er war unerwartet gestorben, und ich war nicht bei ihm gewesen.

Ich ging weg, um etwas Zeit zum Nachdenken zu haben, allein. Ich nahm den langen Weg zurück zum Wohngebäude, am Rand der Rugbyfelder entlang, um keinem Kollegen zu begegnen.

Erschöpft stieg ich die Treppe hinauf und blickte durch die Glastür auf die Terrasse und dahinter in Richtung Fluss.

Jedes Mal, wenn ich mich der Terrasse genähert hatte, war ein verräterisches Getrappel von Füßen, die aufgeregt hin und her liefen, zu hören gewesen, dann und wann von einem Quäken begleitet. Diese Geräusche waren fester Bestandteil meines College-Lebens geworden, genau wie die Glocken, die die verschiedenen Phasen des Schultages einläuteten. Nun würde mir im Vorbeigehen nur schreckliche Stille entgegenschreien. Vorbei das Klopfen an der Tür, wenn die Jungen Fisch holten, vorbei das Gelächter und die Freude, die er so vielen Menschen bereitet hatte.

Vor meinem inneren Auge sah ich ein Ei. Es war weit weg, an einer felsigen, stürmischen Küste. Plötzlich kippte es um, dann brach es auf, und ein winziges Pinguinküken tat den ersten tiefen Atemzug durch den Schnabel. Ich sah, wie es den feuchten Kopf durch die Öffnung streckte und sich unter den Augen der Elternvögel wackelig aus der Eierschale zu befreien versuchte. Als Nächstes beobachtete ich die Fütterung des frisch geschlüpften Pinguins. Dann veränderte sich die Szenerie, und ich sah, wie der gesunde Jungvogel Juan Salvado den Alttieren hinunter ans Meer folgte, wo die Wellen sich an der Küste brachen, um die Felsen herum zischten und schäumten, zwischen Steinen und Kieseln entlang, und dann wieder zurückflossen. Er wirkte zu jung, um sich gegen die unerbittlichen, gnadenlosen Gezeiten zu behaupten. Er zögerte, nahm Anlauf, zweimal, dreimal, dann stürzte er seinen Eltern nach ins Meer und machte die ersten Schwimmzüge mit seinen außergewöhnlichen Flügeln, die es durch die Evolution und Millionen von Vorfahren zur Perfektion gebracht hatten. Als die Wellen über seinem Kopf zusammenschlugen, trieben seine jungen Muskeln ihn instinktiv durch das aufgewühlte Wasser auf die Oberfläche zu, in sicherer Entfernung von den gefährlichen Felsen. Er wippte auf der Oberfläche auf und ab, rollte sich von einer auf die andere Seite und wusch die jeweils obenliegende Flanke mit dem Flügel. Mit dem Fuß kratzte und putzte er Seiten und Kopf, und mit dem Schnabel kümmerte er sich um die Federn an Brust und Rücken, ohne sich im Geringsten vom wilden Wasser, das die ganze Zeit über an ihm riss und zerrte, stören zu lassen.

Jetzt sah ich ihn wieder, weit, weit entfernt vom Festland, mitten im Ozean, zwischen riesigen Wellen, die sich unter tiefhängenden Sturmwolken brachen. In diesem gigantischen, von weißer Gischt und Sprühnebel durchzogenen Meer, vom brüllenden Tosen eines ausgewachsenen Sturms vorangetrieben, durchbrach Juan Salvado gemeinsam mit Tausenden Artgenossen kurz die Wasseroberfläche, um zu atmen, ehe er auf der Jagd nach Sprotten wieder in den ruhigeren Bereich unter den Wellen abtauchte. Ungerührt von dem wütenden

Sturm und der peitschenden See schwamm er voran. Mit ausgebreiteten Flügeln hielt er das Gleichgewicht, ritt vor einer gewaltigen Ozeanwelle her, die hinter ihm aufragte, und tauchte erst ab, als diese ihren Höhepunkt erreichte, turmhoch über ihm stand, sich brach und all ihre aufgestaute Wut herausließ, indem sie sich selbst in den Untergang stürzte. Es war, als wäre er die Seele des Meeres, die Essenz der Lebenskraft des Ozeans, das Destillat aller maritimen Meisterschaft und deshalb gegen den Mahlstrom, der über ihm wütete, gefeit. Er war immun gegen jegliche natürliche Kombination von Wind und Wasser, denn er war die Krone der Schöpfung; er war in seinem Element und frohlockte darin.

Ich sah ihn wieder, zurück an Land, ganz nah bei seiner Partnerin und dem ersten Gelege von Eiern, die er befruchtet hatte, und beobachtete mit ihm zusammen den ersten Spalt im Ei. Ich sah seinen Gesichtsausdruck und erkannte ihn wieder. Dann veränderte sich die Szenerie erneut. Helles, funkelndes, belebendes Sonnenlicht durchdrang das warme, smaragdgrüne, klare Wasser. Doch dann tasteten und wanden sich Öl-Finger heran, schmutzig, braun, erstickend. Perfide, hauchdünne Fäden. Wachsende, erstickende Tentakel griffen nach der Sonne und verbrannten, blendeten, umschlossen, umzingelten, würgten und vernichteten die Vögel. Wie ein grausames, uraltes Monster, erschaffen aus der Fäulnis eines längst vergangenen Zeitalters, hatte es die Feuer des Hades durchschritten und in seinem unterirdischen Kerker geschlummert, doch nun war es von den Menschen erweckt und befreit worden, und es war so viel schlimmer als jeder Hurrikan; gegen seine groteske Monstrosität konnten die Vögel nichts ausrichten. Die von Panik ergriffenen Kreaturen waren verloren, in die Falle getrieben, verängstigt und verdammt; sie taumelten in einen unbegreiflichen, unsäglichen Tod. Gezeiten und Strömung spülten sie schließlich an die Küste.

Ich sah ihn am Strand, in einem Bidet, in einem Einkaufsnetz; ich sah ihn im Bus und in einer Badewanne. Ich sah ihn in einem Schwimmbecken und auf der Terrasse mit Maria, die ihn mit Sprotten fütterte. Ich spürte seine harten Federn an meinen Fingerspitzen, als er seinen warmen Körper gegen meine Hand drückte. Ich spürte seinen Kopf auf meinem Fuß ruhen. Dann sah er noch einmal zu mir auf, ehe er auf seine unnachahmliche Pinguinart den Kopf schüttelte, mit einer Bewegung, die in einem Schauer bis zu seinem Hinterteil hinablief, und sich dann zum Schlafen an mich kuschelte.

Doch die Seele des Ozeans hatte mich verlassen, meine Gedankenblase war zerplatzt und meine Sicht getrübt, und mit einem Kloß im Hals flüsterte ich: *»Ich hab dich lieb, kleiner Vogel. Ich werde dich nie vergessen, solange ich lebe. Jetzt bist du endlich wieder bei deiner Partnerin und deiner Familie und musst dich nie wieder von ihnen trennen.«*

Hätte ich ihn damals in Punta del Este nicht mitnehmen sollen? Hätte ich ihn zwischen seinen Artgenossen liegen und die Natur vollenden lassen, was die Menschheit unabsichtlich losgetreten hatte? Hätte ich ihn ziehen lassen sollen, auf der Suche nach meinem eigenen Abenteuer? Wozu war all das gut gewesen? Welchen Unterschied hätte es gemacht, wenn ich nicht bemerkt hätte, dass er sich bewegte, wenn ich meinen Strandspaziergang einfach fortgesetzt hätte? War es das wert, so sehr unter seinem Tod zu leiden? Es fühlte sich an, als hätte ich ihn am Ende doch im Stich gelassen. Er hatte den Styx überquert, und der Lohn des Fährmanns war noch offen. Eine Tür hatte sich geschlossen und hinderte mich daran, eine fällige Schuld zu begleichen. Wie kompliziert sind doch die Spannungen zwischen dem menschlichen Herzen und dem Verstand, denn diese Gefühle waren natürlich völlig irrational; doch vermutlich halten wir deswegen unsere feierlichen Bestattungen ab, um ebendiesen Konflikt zu schlichten. Dieses Bedürfnis konnte nicht befriedigt werden.

Mir war nur allzu bewusst, wie viel Glück ich gehabt hatte, diesen außergewöhnlichen Vogel kennen und lieben zu dürfen. Doch in diesem Augenblick übermannte mich das Gefühl des Verlusts beinahe: Trennungsschmerz ist die Gebühr, die das Schicksal für all die Freude verlangt, die uns unsere Liebsten bereiten. Ich war untröstlich. Er hatte sich so gut erholt und hatte so zufrieden gewirkt. Was bin ich nur für ein sentimentaler Narr, dachte ich, er war doch bloß ein Pinguin. Aber was für ein Pinguin!

Und so kam es, dass ich Juan Salvado nie auf Wiedersehen sagen konnte. *»Hasta la vista, amigo mio. Auf Wiedersehen, mein Freund.«* Das bereue ich seitdem. Ein ganz privates Kapitel, das ich niemals abschließen konnte.

GEDANKEN
AUS DER FERNE

Kapitel 18
Juan Salvadors Vermächtnis

Wieso hatte dieser Pinguin mir so viel bedeutet? Wenigstens das war leicht zu erklären. Jeder, der plötzlich weit von der Familie, den Freunden und Haustieren, die er liebt, fortzieht, ist empfindlich und verspürt eine starke Leere in sich. Das ist unvermeidlich, trotz der vielen großartigen Entschädigungen. Und da die Natur eine Abneigung gegen Leere hat, trat Juan Salvado in diese Lücke. Zunächst besetzte er sie, dann füllte er sie aus und beherrschte sie. Sie war nicht groß genug für ihn, also dehnte er sie aus, vergrößerte sie ins Unendliche. Ich habe darüber nicht nachgedacht, es geschah einfach, und dann war er fort.

Natürlich bleibt die Zeit nicht stehen, und neue Familienmitglieder, Freunde und Haustiere finden Platz in unseren Herzen, doch die Lücke, die frühere Bewohner hinterlassen haben, lässt sich nie ganz füllen. Wir halten unsere Lieben durch Erinnerungen, Gespräche und Geschichten am Leben, auch wenn wir nicht immer offenbaren, wie viel sie uns wirklich bedeutet haben. Das müssen wir auch nicht. Jeder, der je ein Haustier verloren hat, kennt das. Ich habe keinen unserer Hunde weniger geliebt. Kipling mahnt uns in seinem Gedicht »The Power of the Dog«, uns davor zu hüten, »einen Hund unser Herz zerreißen zu lassen«.

Unsere Lieben sind stets nur geliehen, nicht geschenkt,
Mit einem Cent Zinseszins auf jeden Cent.
Wobei ich nicht glaub', wie man mich belehrte,
Dass umso größer die Trauer, je länger es währte –
Denn wird es erst fällig, das Kapital,
Ist Kurz- oder Langzeitkredit ganz egal,
Ja ist's denn um Himmels willen zu fassen,
dass wir einen Hund unser Herz zerreißen lassen?

Verglichen mit der Lebenszeit eines Hundes entspricht meine Zeit mit Juan Salvado einem »Kurzzeitkredit«, doch aufgrund des Zeitpunkts, an dem sich unsere Wege kreuzten, hatte unsere Beziehung kein bisschen weniger Bedeutung, eher mehr. Hatte ich ihn womöglich gegen seinen Willen von dem Strand mitgenommen? Als impulsiver dreiundzwanzigjähriger Engländer vom Land hatte ich kaum über die Konsequenzen – über die unmittelbare Notwendigkeit seiner Rettung hinaus – meines Handelns nachgedacht. Ich befand mich in der glücklichen Lage, es mir leisten zu können, einen Mitreisenden zu unterstützen, obwohl ich mich manchmal fragte, ob ich ihn wirklich als solchen betrachten sollte. Salvado oder Salvador, Geretteter oder Retter? Beide Namen hatten ihre Berechtigung. Schließlich war es auch unmöglich zu entscheiden, wer wen adoptiert hatte, als er zum Team-Maskottchen gemacht wurde, oder wer mehr von der Beziehung zwischen ihm und Diego profitiert hat.

Im Vergleich zu anderen Reisegefährten war Juan Salvado anspruchsvoll. Er musste gefüttert und getränkt werden, brauchte Auslauf und Unterhaltung, doch dank der vielen Helfer im College bereitete mir dies kaum Mühe. Er fraß drei bis vier Kilo Sprotten in der Woche, was mich pro Tag rund tausend Pesos kostete; in etwa so viel wie ein paar Streichholzschachteln, auf jeden Fall weniger als eine Flasche Bier. Im Gegenzug erhielt ich etwas unschätzbar Wertvolles, und die Verantwortung, die ich in dieser Lebensphase übernehmen musste, war zweifellos charakterbildend. Wie so viele andere, die ich während meiner Reisen durch Südamerika kennengelernt habe, besaß Juan Salvado so wenig und gab mir dennoch so viel.

Mit seiner außergewöhnlichen Persönlichkeit schlug er alle, die ihn kennenlernten, in seinen Bann. Er war nicht nur ein guter Zuhörer, sondern führte richtige Gespräche mit den Menschen, indem er ihnen mit Kopf und Augen antwortete. Ich schätze, irgendwann werden Menschen genug über das Verhalten von Tieren gelernt haben, um zu begreifen, dass sie in der Lage sind, wesentlich mehr mit uns und miteinander zu kommunizieren, als wir ihnen gegenwärtig zutrauen. Und dann wird auch diese Erzählung vielleicht etwas weniger phantastisch klingen.

Juan Salvado hatte eine schnellere Auffassungsgabe als viele Menschen, die ich kenne. Wie er an jenem ersten Tag, als ich ihn säubern wollte, begriff, dass ich ihm nichts Böses wollte, und sich sein Verhalten ganz plötzlich veränderte und er mir half, war für mich einfach nur erstaunlich.

Nach diesem ersten Tag zeigte er keinerlei Anzeichen von Angst, weder mir noch anderen Menschen gegenüber. Im Gegenteil, er war ganz vernarrt in uns. Wenn er den Lärm und das Geplapper der Schüler auf den Schulfluren hörte, rannte er aufgeregt auf der Terrasse auf und ab, weil er auf Gesellschaft hoffte. Wenn er Schritte auf der Treppe hörte, hastete er zur Tür, um nachzusehen, wer ihn auf der Terrasse besuchen würde. Doch er blieb nie direkt hinter der Tür stehen, weil er instinktiv wusste, dass er sie sonst an den Kopf bekommen würde.

Viele seiner Verhaltensweisen konnte ich mir nicht erklären. Zum Beispiel, warum er nie aufs Rugbyfeld lief, wenn die Jungen spielten, oder warum er nach dem einen Mal nie wieder mit der Beckenwand kollidierte, obwohl er mit hohem Tempo haarscharf daran vorbeischwamm. Ich kann mir nicht erklären, woher er wusste, was er tun durfte – was in der Welt der Menschen sicher für ihn war – und was nicht. Beim Spazierengehen lief er nie davon; beim Schwimmen kam er immer gemeinsam mit dem letzten Schwimmer aus dem Becken. Doch das größte Rätsel war nach wie vor, wie hartnäckig er sich geweigert hatte, mich zu verlassen und davonzuschwimmen, nachdem ich ihn gesäubert hatte.

Wurde Juan Salvados Verhalten von etwas Tiefgründigerem gesteuert als seinem leeren Magen? Zweifellos. Selbst wenn er so satt war, dass er fast platzte, rannte er neuen Gästen auf seiner Terrasse erfreut entgegen. Sein Bedürfnis nach Geselligkeit lag in seiner Natur als Pinguin. Doch egal, wessen Gesellschaft er gerade genoss, der treue Vogel kam immer zu mir, sobald ich die Terrasse betrat. Er bevorzugte immer mich. Er kehrte immer an meine Seite zurück. In vieler Hinsicht glich unsere Beziehung der von Hund und Herrchen, obwohl ich mir sicher bin, dass es nicht die Rolle des Hundes gewesen wäre, die er für sich beansprucht hätte!

Juan Salvado hat die Menschen nicht nur amüsiert, sondern ihnen auch gutgetan. Wenn meine Kollegen mich und den Pinguin sahen, grüßten sie uns häufig, indem sie seinen Watschelgang imitierten, was die Einheimischen, die Pinguinen gegenüber wesentlich nüchterner eingestellt waren, wiederum irritierte. Die Jungen erzählten mir, dass die Gärtner und Hausmeister mich *el loco inglés* – der verrückte Engländer – nannten. Doch der Spitzname war nicht ablehnend gemeint, er drückte lediglich Belustigung und Unverständnis aus. Ihnen wäre es garantiert im Traum nicht eingefallen, einen Pinguin von einem Strand aufzulesen und in den natürlichen Lauf der Welt einzugreifen. Ihr Leben war teilweise genauso unbarmherzig hart wie das der Gauchos in der Pampa und der Ureinwohner in den Anden – dort war kein Raum für Mitreisende. Manche Menschen werden den Sport, den die Gauchos aus dem Rindertöten machen, als blutrünstig oder grausam bezeichnen und fragen sich bestimmt, warum ich davon in dieser Geschichte berichte – doch ist das Vorgehen nicht weniger grausam als das Elend, das unsere »zivilisierte« Gesellschaft zum Beispiel durch Ölkatastrophen, denen nicht nur Einzelne, sondern ganze Spezies zum Opfer fallen, immer wieder verursacht? Die Gauchos töten Tiere ausschließlich, um sie zu essen.

Werden die Ozeane der Welt den Schaden überleben, den wir verursachen, aber uns weigern zu sehen? Analog zu den Millionen Marias, die aufgrund der Inflation indirekt für die mit Hypotheken belasteten Häuser der Mittelklasse von Buenos Aires bezahlen, sind es die Pinguine und die anderen *descamisados* der Natur, die tatsächlich für unseren Lebensstil bezahlen, mit der einzigen Währung, die sie besitzen.

Seit der Veröffentlichung des bahnbrechenden Buchs *Der stumme Frühling* von Rachel Carson im Jahr 1962 hat sich die Menschheit mehr als verdoppelt. Gleichzeitig hat weltweit eine enorme Anzahl von Spezies, einschließlich der Pinguine, einen Populationsrückgang um achtzig bis neunzig Prozent zu verzeichnen und gilt daher als »gefährdet«, andere sind ganz ausgestorben.

Die Hypothese, dass der Untergang der Bevölkerung der Osterinseln durch Raubbau an der Umwelt herbeigeführt worden ist, wird als Beispiel für den von Thomas Robert Malthus vorausgesagten globalen Niedergang unserer gesamten Spezies angenommen.

Unser heutiger Lebensstil veranschaulicht deutlich, zu welch dramatischen Veränderungen der Mensch in einer sehr kurzen Zeitspanne fähig ist. Doch obwohl wir wissen, dass unser *modus vivendi* alles andere als nachhaltig ist, hat sich unser *modus operandi* bisher als unfähig erwiesen, die nötigen Maßnahmen zu ergreifen, um die Populationen von Wildtieren zu stabilisieren, geschweige denn sie wiederherzustellen. Unbestreitbar ist, dass kein Geld der Welt uns mehr freikaufen kann, wenn die Bankrücklagen der *descamisados* der Natur schließlich aufgebraucht sind.

Doch das Vermächtnis, das von Juan Salvador übrig bleibt, ist nicht Verzweiflung, sondern Hoffnung. Er hat in seinem Leben so vielen Menschenseelen Freude und Optimismus beschert, in einer Zeit voller Kummer und Not, und auch mein Horizont wurde durch die Lektionen, die ich von dem einzigartigen Pinguin Juan Salvador gelernt habe, unendlich erweitert.

EPILOG

In dem ein neuer Pinguin mich etwas lehrt

Auf der Suche nach Fotos von Juan Salvado habe ich in die alten Umzugskartons geschaut, die mit »Argentinien – noch zu sortieren« beschriftet sind und jahrzehntelang ganz hinten in der Garage ihr Dasein gefristet haben. Die meisten meiner Fotos waren vor Jahren einem Wasserschaden zum Opfer gefallen, doch ich hielt es für möglich, dass in den Kisten noch ein paar auffindbar wären. Ich war sprachlos, als ich stattdessen einige Schmalfilmrollen fand, die ich mir nie angesehen hatte. Kein einziges Mal. Ehrlich gesagt hatte ich vergessen, dass sie überhaupt existierten. Ich hatte sie aus Südamerika zurück nach England geschickt, um sie später dort entwickeln zu lassen. Meine Mutter hob sie bis zu meiner Rückkehr auf. Doch als ich nach Hause kam, hatte ich nicht genug Geld für einen Projektor gehabt, und als ich mir solche Dinge schließlich leisten konnte, waren Schmalfilme längst von Videokassetten verdrängt worden, so dass sie ungesehen blieben und allmählich aus meiner Erinnerung verschwanden. Es war ein aufregender Moment. Wann genau hatte ich die Schmalfilmkamera gekauft? Ich zermarterte mir das Hirn. Konnte es sein, dass ich den Pinguin gefilmt hatte?

Im Internet fand ich einen überaus zuvorkommenden älteren Herrn, der in der Nähe von unserem Haus an der

Küste lebt. Auf mein Klopfen hin öffnete er mir die Tür, hinter der sich Filmausrüstung von musealem Ausmaß verbarg. Schmale Pfade wanden sich zwischen deckenhohen Regalen hindurch, die mit jeder erdenklichen Apparatur gefüllt waren, die jemals zur Verewigung flüchtiger Bilder und Töne erfunden worden war. Wunderschöne, in poliertes Mahagoni eingefasste Messinggeräte standen Seite an Seite mit plumpen Metallkästen voller Schalter und Knöpfe. Wenn er tief einatmete, hatte er gerade noch genug Platz, um durch sein Reich zu manövrieren.

»Es gibt keine von Menschenhand gemachte Aufzeichnung, die ich nicht konvertieren könnte«, prahlte er, »von Hieroglyphen bis HD. Dieser hier stammt aus dem Jahr 1896!«, sagte er und strich liebevoll über einen Apparat. Unter anderen Umständen hätte er mich mit seiner ansteckenden Begeisterung sicher in seinen Bann gezogen. Aber nicht heute.

Ich reichte ihm die gesammelten Filmrollen, jede mit drei Minuten Filmmaterial darauf, und vereinbarte mit ihm, später am Tag wiederzukommen. Ich fuhr nach Hause und verbrachte einen ungemütlichen Nachmittag mit meiner Phantasie, wie ein werdender Vater in den Zeiten, als Väter noch von der Geburt ihrer Kinder ausgeschlossen waren.

»Wie sind sie geworden?«, fragte ich ihn, als ich zurückkam. Ich konnte meine Aufregung kaum verbergen.

»Sie hätten sie mir schon vor Jahren bringen sollen«, lautete sein äußerst hilfreiches Urteil. »Grauenhafter Zustand.«

Mir wurde bang ums Herz. Ich befürchtete das Schlimmste und fragte: »Also ist nichts drauf zu sehen?«

»Alles ziemlich körnig, aber das meiste ist noch erkennbar.«

Mir stockte der Atem, die Aufregung war sofort wieder da. Konnte Juan Salvado wirklich dort sein?

»Irgendwelche Pinguine zu sehen?«, fragte ich vorsichtig, als könnte ich sie durch meine bloßen Worte verscheuchen.

»Pinguine? Ich habe keine Pinguine gesehen, aber Sie haben da phantastisches Material von Seelöwen.«

Meine Enttäuschung war riesig, aber um ehrlich zu sein, war ich mir bereits ziemlich sicher gewesen, die Schmalfilmkamera erst lange nach der Ära des Pinguins Juan Salvador gekauft zu haben.

Wir sahen uns die DVD sofort an, als ich nach Hause kam, und es war erstaunlich bewegend, all die Menschen und Orte von vor fast vierzig Jahren zu sehen: Berge, Seen und Wüsten, Lamas, Kondore und Seelöwen, von den Tropen bis an die Spitze Südamerikas, alles so farbig und detailreich eingefangen. Längst vergessene Namen aus einer anderen Welt und einem anderen Leben drangen plötzlich wieder an die Oberfläche, und mit ihnen die unweigerliche Welle der Emotionen.

Doch der schöne Moment hatte einen bitteren Beigeschmack. Die Freude darüber, so viel auf diesen Filmen wiederzuentdecken, machte den Verlust all meiner Fotos von Juan Salvado umso schmerzhafter.

Schon zum zweiten Mal an diesem Tag hatte ich mich der Hoffnung hingegeben, mein Compadre könnte sich in diesen vergessenen Rollen verstecken, als hätte er nur geschlafen, nur den richtigen Augenblick abgewartet, um mit einem Paukenschlag zurück in mein Leben zu treten. Doch als sich die DVD unweigerlich dem Ende näherte, wusste ich, dass alle Hoffnung umsonst gewesen war. Die belanglosen Ereignisse, die vor uns über den Fernseher huschten, frustrierten mich: ein Sportfest in der Schule, eine Herde Lamas, lächelnde Freunde, die uns auf Marktplätzen mit Bier und Wein zuprosteten und wertvolle Sekunden verschwendeten. Nicht einmal die Seelöwen konnten mich trösten.

Denn so schön es auch war, sich all diese Erinnerungen anzusehen, ich hätte sie liebend gern gegen einen einzigen Moment mit Juan Salvado eingetauscht.

Doch dann: »Da!«, rief ich und sprang vom Sessel auf, näher an den Fernseher heran: »Da ist er! Ach, da ist er doch! Guck mal! Mein lieber alter Freund, endlich sehen wir uns wieder!«

Dort im Schwimmbecken war er, der Pinguin, genau wie ich ihn in Erinnerung hatte. Die nächsten großartigen, glorreichen, glückseligen zwei Minuten und siebzehn Sekunden waren wir wieder vereint. Schweigend sahen wir den Film zu Ende; ich brachte kein Wort heraus. Der Pinguin war nicht mehr zu sehen. Wie hatte ich so träge sein können, mir diese Filme nie anzusehen? Jahrelang hatte ich den Vogel aus dem Gedächtnis zu zeichnen versucht, und jetzt konnte man sich Juan Salvador, den Titelhelden unzähliger Gutenachtgeschichten der Michell-Familie, endlich *in natura* ansehen: das putzige Kopfschütteln, Flügelschlagen und Hinternwackeln, mit dem er sich wie mit einem Außenbordmotor durch das Schwimmbecken katapultierte. All das, was ich mit meinen prosaischen Worten niemals hätte einfangen können, war nun doch verewigt worden. Juan Salvado war immer da gewesen, er hatte die ganze Zeit über geduldig auf mich gewartet.

Diese flimmernden Bilder waren viel besser als alles, was ich zu hoffen gewagt hatte. Sie zeigten ihn im Wasser, wieder ganz gesund, mit strahlend weißen Federn, die in der Sonne leuchteten – nach der Mauser war keine Spur mehr von dem Öl oder seinem Martyrium an der Küste von Uruguay zu sehen. Und dann war da noch seine Interaktion mit den Jungen. Nach seiner Schwimmeinlage stand er inmitten eines Dutzends Achtzehnjähriger, deren ganze Aufmerksamkeit diesem charismatischen Vogel galt, der sich putzte und in der Sonne trocknete. Und obwohl er viel kleiner war als sie, war dieser Pinguin von einem Kaliber, das ihn jedem von ihnen ebenbürtig machte.

Nachdem ich diese Offenbarung auf der DVD gefunden hatte, speicherte ich als Erstes den Videoausschnitt und schickte ihn per E-Mail an meine Kinder. Besonders wichtig war es mir, ihn meinem Sohn zu schicken, der in Indien lebt, fast genauso weit weg von zu Hause, wie ich es gewesen war, als ich Juan Salvador getroffen hatte. Als Zweites suchte ich Flüge nach Argentinien.

Nur wenige Stunden, nachdem ich beschlossen hatte, zurückzufliegen, durchströmte mich ein Hochgefühl. Ich spürte, wie die Räder des Flugzeugs die Landebahn von Buenos Aires berührten. Ich war wieder in Südamerika! Mein Aufenthalt dort in den siebziger Jahren hatte einen so großen Teil meines damaligen Erwachsenenlebens eingenommen, und meine Erfahrungen waren so bedeutsam und anders als alles gewesen, was ich bis dahin erlebt hatte, dass ich schon gespannt war, was das Schicksal diesmal für mich bereithielt.

Beim Aussteigen spürte ich wieder die warme, trockene Luft sanft über meine Haut streichen, und ich atmete tief ein, um mich auf alles vorzubereiten, was vor mir liegen mochte. Als meine Füße den Boden berührten, beschwor ich ihn, mir erneut Freude und Erfüllung zu bescheren.

Wir rühmen Dichter, weil sie die Dinge in Augenblicken wie diesen viel besser als alle anderen ausdrücken können, und für mich fängt eigentlich niemand das Wesen des Abenteuers besser ein als Tolkien:

Die Straße gleitet fort und fort,
Weg von der Tür, wo sie begann,
Weit überland, von Ort zu Ort,
Ich folge ihr, so gut ich kann.
Ihr lauf ich raschen Fußes nach,
Bis sie sich groß und breit verflicht
Mit Weg und Wagnis tausendfach.
Und wohin dann? Ich weiß es nicht.

Die Beklommenheit, die ich verspürte, als ich mich an der Passkontrolle in die Warteschlange einreihte, war diesmal völlig irrational, doch ich konnte nicht umhin, mich lebhaft daran zu erinnern, wie ich versucht hatte, einen Pinguin ins Land zu schmuggeln. Das Gefühl ließ sich nicht unterdrücken, und mein Herz fing wild an zu klopfen. Die ersten Worte wechselte ich mit einem mürrischen Beamten, doch als er die argentinische Färbung in meinem eingerosteten Spanisch bemerkte, wurde er richtig umgänglich. Wir besprachen die Gründe für meinen Besuch, und er wünschte mir einen angenehmen Aufenthalt. Es fühlte sich beinahe an, als kehrte ich nach Hause zurück.

Natürlich hatte sich vieles verändert. Die Schuhputzer waren von den Straßen verschwunden. Die Stadt war wie neugeboren, und vor allem um die Hafenanlagen herum trumpfte sie mit etlichen atemberaubenden Gebäuden des einundzwanzigsten Jahrhunderts auf, während die sanierten Lagerhäuser am Wasser in begehrte Büro- und Apartmenthäuser verwandelt worden waren. Verschmutzte Straßen und Wasserwege waren gereinigt worden, ein Naturschutzgebiet wertet die Gegend inzwischen auf, und doch überrollte mich eine Woge der Nostalgie, als ich durch die vertrauten Straßen schlenderte. Buenos Aires ist noch immer eine faszinierende Stadt mit ihrer abwechslungsreichen Architekturmischung, die sich auf der einen Seite der klassischen europäischen Stile bedient und auf der anderen mit den fröhlich bemalten Wellblechhäusern von La Boca aufwartet – das Viertel, in dem einst die ärmsten Einwanderer lebten –, und sie hat nichts von ihrer betörenden Anziehungskraft und pulsierenden Energie verloren.

Politik lag in der Luft, und da die Wahlen nahten, wimmelte es auf den Werbeflächen von Plakaten. Es überraschte mich nicht, dass die zwei turmhohen, ikonenhaften Bilder von Eva Perón noch immer die gewaltige Avenida de 9 Julio dominieren, die zwanzigspurige Arterie, die mitten durchs Herz der Hauptstadt verläuft. Auf beiden Seiten des festungsartigen Gebäudes, das einst das Arbeitsministerium gewesen war, prangt das Bild von Eva am Radiomikrophon und verbindet sich im Geist des Betrachters plastisch mit dem vom Dach aufragenden Funkmast.

Niemand kann die Bedeutung dieser außergewöhnlichen Frau für die Geschichte dieses großartigen Landes bestreiten. Die Bilder scheinen auch mehr zu sein als bloße Denkmäler.

An den Hunderten kleinen, über ganz Buenos Aires verteilten Kiosken, die Süßigkeiten, Tabak, Zeitungen und Zeitschriften verkaufen, werden Poster und Postkarten von ihr angeboten, doch was genau ihr Vermächtnis ist, war für mich schwer zu beurteilen. Jeder, den ich fragte, hatte eine andere Meinung dazu.

Zu meiner großen Freude haben sich die argentinischen Weine extrem verbessert und können nun mit den besten der besten mithalten. Die Qualität des argentinischen Essens hat sich allerdings überhaupt nicht verändert – zum Glück ist es noch genauso hervorragend, wie ich es in Erinnerung habe. Meiner Ansicht nach kann man in diesem Land noch immer besser essen als irgendwo sonst auf der Welt, doch interessanterweise sah ich nur wenige Menschen mit Übergewicht, und so wurde nicht nur mein Gaumen, sondern auch mein Verstand angeregt.

Der Verkehr wird inzwischen durch Straßenschilder und Ampeln geregelt und verläuft in geordneten Bahnen, Fußgänger können bedenkenlos Kreuzungen überqueren, doch viele Züge sind noch immer alt, zwar zweckmäßig, aber ohne jeden Komfort. Nachdem ich eine Fahrkarte gekauft hatte, die noch immer weniger als zwei Pesos pro Meile kostete, war ich genauso aufgeregt wie früher, wenn ich mich zu einem günstigen Ausflug aufgemacht hatte. Ich sehnte mich danach, wieder ernsthaft zu reisen, sehnte mich nach der Freiheit, Richtung Abenteuer aufzubrechen. Doch meine Zeit war begrenzt, so dass ich mich nur zu den Stätten meines damaligen Aufenthalts begab, die mir trotz der vielen vergangenen Jahrzehnte noch immer vertraut waren. Die Waggons holperten und rüttelten, stöhnten und ruckelten, und die Erinnerung an ihre Musik durchströmte mich. Nach einer kurzen Fahrt kam schwerfällig der behäbige viktorianische Bahnhof von Quilmes in Sicht, und ich fragte mich, wie oft ich hier angekommen war. Inmitten des neuen geschäftigen Gewimmels der Stadt wusste ich nicht, ob ich den Weg zum College finden würde, doch mein Autopilot übernahm, und es dauerte keine zwanzig Minuten, bis ich vor dem Tor stand.

Bei meinem Spaziergang über das Gelände von St. George's entdeckte ich einige beeindruckende Neuerungen, doch im Großen und Ganzen war die Schule unverändert. Ich hielt einen Augenblick inne, als ich auf die Terrasse sah, auf der ich einst so viel Zeit verbracht hatte, und erinnerte mich an den Blick, den Juan Salvado mir zugeworfen hatte, als ich gesagt hatte, ich wolle ein Buch über ihn schreiben. »*Wieso hast du denn so lange gebraucht?*«, hörte ich ihn fragen. »*Und, amigo mio … wieso hast du so lange gebraucht, um zurückzukehren?*«

Es war kein Zug, sondern ein erstklassiger Doppeldeckerbus (keine Spur von individueller Dekoration oder Glücksbringern), mit dem ich über die neue Autobahn aus Buenos Aires hinaus Richtung San Clemente rauschte, einer rund zweihundert Meilen von der Hauptstadt entfernten Stadt. Man hatte mich in die dortige große Aquariumsanlage eingeladen. Die Dämmerung wurde von einer blendenden Sonne vertrieben, die sich bei Tagesanbruch über den Horizont schob, und unendlich lange Schatten legten sich über die vollkommen flache Landschaft, den Inbegriff von La Pampa. Diesmal ohne das Motorrad von damals, obwohl ich den vielen Maschinen unterwegs neidische, beinahe lüsterne Blicke zuwarf.

Nach nur fünf Stunden hatte ich den Park erreicht und wurde von Andrea, der Enkelin des Gründers David Méndez, herumgeführt.

Ich erfuhr, dass zur selben Zeit, als ich Juan Salvado in Uruguay aufgelesen hatte, David Méndez, der pensionierte Besitzer eines Campingplatzes an der Küste, hier an seinem Strand in Argentinien einige Pinguine gefunden hatte, die ähnlich übel vom Öl zugerichtet waren. Genau wie ich hatte er versucht, einige der Vögel zu retten, und auch ihm war es gelungen, sie zu Hause zu säubern.

David schaffte es, die Pinguine wieder im Meer auszusetzen, und das sprach sich in der Gegend herum. Das Projekt wuchs, und dem unermüdlichen Rentner wurden mehr ölverschmierte Vögel gebracht, und ihm wurde von Orten berichtet, an denen welche gesichtet worden waren. Als Nächstes kümmerte er sich um Seelöwen und Delphine, die durch das Öl und die Verschmutzung der hiesigen Gewässer ähnlich beeinträchtigt waren. Schon bald wollten die Menschen das Projekt mit eigenen Augen sehen und unterstützen, so dass im Jahr 1979 Mundo Marino auf einer eigens erworbenen Fläche von etwa vierzig Hektar eröffnet wurde. Heute steht hier das größte Aquarium der Südhalbkugel. Natürlich konnte ich damals von David Méndez' Arbeit in San Clemente, die sich zu der Zeit noch auf seine Privaträume beschränkte, nichts wissen, genauso wenig, wie David etwas von meiner Rettung Juan Salvados hatte erfahren können.

Das Personal von Mundo Marino besteht inzwischen aus Experten in der Rettung von Seevögeln. Durch die immense Umweltverschmutzung werden auf der ganzen Welt noch immer Wildtiere dahingerafft – diese Tatsache ist genauso bedauerlich wie unentschuldbar. Mit nahezu vierzig Jahren

Erfahrung auf diesem Gebiet gelten die älteren Angestellten weltweit als Koryphäen in der Rehabilitation von Tieren, die Umweltkatastrophen zum Opfer gefallen sind. Sie sind laufend erreichbar für Anrufe und Hilfegesuche. Seit 1987 wurden 2500 rehabilitierte Pinguine dokumentiert, drei Viertel davon Opfer von Ölverschmutzung.

Ich war entzückt, als ich die Erlaubnis erhielt, das Pinguingehege zu betreten. Unter einem riesigen Baldachin legten hier etwa hundert Magellan-Pinguine das gleiche Verhalten an den Tag, das ich in der Wildnis von Punta Tombo beobachtet hatte, und ich genoss den Augenblick sehr. Hätte es im Zoo von Buenos Aires ein solches Gehege gegeben, hätte ich Juan Salvado ganz sicher dortgelassen.

Ich bekam einen Eimer Fisch und die Gelegenheit, die Pinguine zu füttern, und das ließ ich mir natürlich nicht zweimal sagen. Es waren so viele Jahre vergangen, seit ich zum letzten Mal einen Pinguin – meinen Pinguin – gefüttert hatte, und ich konnte den Kloß in meinem Hals nicht ignorieren. Die Fische waren wesentlich größer als die Sprotten, die ich für Juan Salvado auf dem Markt von Quilmes gekauft hatte, doch genau wie ich es damals getan hatte, nahm ich einen beim Schwanz und hielt ihn dem Pinguin, der am nächsten stand, lockend hin. Offenbar hatte der Vogel keine Ahnung, was er tun sollte, also zeigte mir einer der Tierpfleger eine Technik, bei der man seine Handfläche über die Augen des Pinguins legt und sich Daumen und Zeigefinger unter seinem Schnabel berühren. Mit verdeckten Augen fing der Pinguin sofort an, nach Futter zu schnappen und nahm den angebotenen Fisch. Es war faszinierend. Diese Methode war so viel mühsamer und zeitraubender als die einfache und offensichtliche Art und Weise, wie wir Juan Salvado gefüttert hatten, deshalb fragte ich, wie diese Technik zustande gekommen war.

Während der Ausführungen des Tierpflegers darüber, wie Neuankömmlinge zwangsernährt werden mussten – genau wie ich es mit Juan Salvado gemacht hatte –, bis sie sich an die Fütterung im Wasser gewöhnt haben, wurde ich abgelenkt. Mein Blick fiel plötzlich auf einen einzelnen Pinguin, der aus der Menge schwarzweißer Vögel herausstach. Mit seinen außergewöhnlichen, prächtigen Augenbrauen und seinem orangefarbenen Schnabel und ebenso gefärbten Augen konnte sich der einzelne Felsenpinguin unmöglich zwischen den anderen verstecken. Ohne erkennbaren Grund lief der kleine Vogel plötzlich durch die Pinguinscharen auf mich zu, hüpfte zu meinen Füßen auf einen praktisch gelegenen großen Felsen und sah mit einem flehenden Blick zu mir auf, der ausdrückte: »*Kraulst du mir bitte den Bauch?*« Dieser Bitte kam ich selbstverständlich liebend gern nach, ich bückte mich und strich ihm sanft über die Brust. Natürlich fühlte er sich genauso an wie Juan Salvado, und er reagierte auch genauso, drückte sich gegen meine Hand und sah mir direkt in die Augen.

Als ich mich über ihn erkundigte, erfuhr ich, dass er ein einzelner Felsenpinguin aus einer Gruppe geretteter Vögel war. Obwohl er sich inzwischen vollständig erholt hatte, konnte er nicht freigelassen werden, bis ein zweiter Felsenpinguin da wäre, der gemeinsam mit ihm ausgewildert werden könnte. »Man kann Pinguine nicht einzeln freilassen«, erklärte der Tierpfleger. »Genau wie Seelöwen gehen sie nicht ohne einen Artgenossen; sie bleiben einfach.«

Was für eine Offenbarung! Plötzlich, nach all den Jahren, in denen ich mich gefragt hatte, warum Juan Salvado sich so hartnäckig geweigert hatte, an dem Strand von Punta del Este von meiner Seite zu weichen, hatte ich eine zufriedenstellende Antwort erhalten. Was für eine Erleichterung! Es hatte nichts mit seinen nassen Federn, sondern vielmehr mit der grundlegenden Psychologie der Pinguine zu tun. Ein breites Grinsen schlich sich in mein Gesicht, denn endlich hatte ich etwas Seelenfrieden gefunden; das allerletzte Puzzleteil hatte sich ins Gesamtbild eingefügt. Was für merkwürdige Zufälle es doch gibt! Wäre der Felsenpinguin nicht da gewesen, hätte ich das fehlende Teil des Puzzles nie gefunden. Der Arme. Dieser Pinguin saß hier fest, nicht nur durch Zäune, sondern auch durch sein eigenes Wesen und seine Instinkte gefangen, bis eine erneute Katastrophe einen weiteren verletzten oder verschmutzten Felsenpinguin nach Mundo Marino bringen würde.

Seit meiner Zeit mit meinem Compadre Juan Salvado war ich der festen Überzeugung gewesen, dass Magellan-Pinguine die hübschesten und herausragendsten Exemplare der biologischen Ordnung der *Spheniscidae* sind, während die Felsenpinguine – mit ihren stacheligen Frisuren, dem albernen, protzigen und übertriebenem Kopfputz – für mich eher die zweifelhaften und unkonventionellen Punks der Familie waren. Doch als ich diesen kleinen Vogel streichelte, stellte ich wie so häufig fest, dass meine Vorurteile nicht haltbar waren. Sie basierten nur auf Äußerlichkeiten. Als sich der kleine Felsenpinguin gegen meine Hand drückte, musterte er mich eingehend, erst mit dem einen, dann mit dem anderen Auge, genau wie Juan Salvado es immer getan hatte. Genauso gründlich betrachtete ich wiederum ihn, mit seinen gefiederten Füßen, dem hübschen Federkleid und den klaren, bernsteinfarbenen Augen von unergründlicher Tiefe.

Ich war zutiefst hingerissen von diesem bildhübschen und bezaubernden Tier.

Und in diesem Augenblick war ich mir sicher, ohne den leisesten Zweifel, dass ich, wenn die Gelegenheit sich böte, bewaffnet mit einem Einkaufsnetz und ein wenig Glück, ohne zu zögern, erneut zu einem südamerikanischen Abenteuer aufbrechen würde – mit einem Pinguin!

GLOSSAR
SPANISCHER BEGRIFFE

aguinaldo Bonus
aliscafo Tragflügelboot
asado Grillfest
bajo der tiefliegende Bereich um den Fluss
basta genug; es reicht
bombachas Cowboyhosen
brasileños Viehdiebe
campo bewirtschaftetes Land
colectivo Bus
compañeros Kameraden
Cumpleaños Feliz Die spanische Version des Liedes »Happy Birthday«. Wenn man jemandem »Herzlichen Glückwunsch« wünschen möchte, sagt man »Feliz Cumpleaños«.
descamisados »Hemdlose«; Arbeiter
hielo Eis
Madre de Dios Muttergottes
magnifico phantastisch
mate argentinischer Tee
mestizo Mischling, meist von europäischer und indianischer Herkunft
momentito einen Moment noch!

mozo Kellner
muchísimas gracias Vielen Dank
ñandú südamerikanischer Strauß; Nandu
»*¿No le gusta?*« »Gefällt es ihm nicht?«
paleta argentinische Version von Squash
peón ungelernter Arbeiter
»*Por qué no usarlo?*« »Warum sollte man es nicht benutzen?«
Por supuesto selbstverständlich
quebracho sehr harte Holzsorte
»*¿Qué tal?*« »Wie geht's?«
salud Prost
subte, subterráneo U-Bahn

QUELLENNACHWEISE

Das Zitat auf S. 60 stammt aus:
Robert Frost. *Der unbegangne Weg.* Übersetzt von Paul Celan. In: Paul Celan. *Gesammelte Werke in sieben Bänden. Band 5: Übertragungen II.*

Das Zitat auf S. 197 stammt aus:
José Hernández. *Hier heb' ich zu singen an. Dichtungen im Umfeld des argentinischen Gaucho-Epos »Martín Fierro«.* Deutsche Nachdichtungen und Erläuterungen von Alfredo Bauer und Gerhard Giesa. © 2003 Verlag Hans-Dieter Heinz (= Stuttgarter Arbeiten zur Germanistik 407)

Das Zitat auf S. 243 stammt aus:
J. R. R. Tolkien. *Der Herr der Ringe.* Übersetzt von Margaret Carroux, Gedichte übertragen von E.-M. von Freymann. ©1993 Klett-Cotta, Stuttgart

DANKSAGUNG

Ich bin vielen Menschen zu Dank verpflichtet, für all die Unterstützung, den Zuspruch und die Hilfe, die ich beim Erzählen der Geschichte des Pinguins Juan Salvador erfahren habe. Namentlich Jessica Leeke von Penguin Random House, die sich unermüdlich für die Sache eingesetzt hat, Laura Warner, die uns »entdeckt« hat, und Karen Whitlock, meiner Lektorin. Ich bin unendlich dankbar für alles, was diese fähigen und engagierten Fachleute für mich getan haben. Außerdem Mike Tate, ehemals Redakteur bei der *Times*, Homme de Lettres und treuer Freund. Meiner Mutter, die so sorgfältig all die Dinge für mich aufbewahrt hat, die ich aus Südamerika nach Hause geschickt habe, doch am allermeisten meiner wunderbaren Frau und meinen Kindern, ohne die ich niemals den Stift in die Hand genommen hätte. Danke.